[波]乔安娜·托沃茨科/著

创意配饰DIY

首饰
衣服　包包

[波]波特·森多曼/摄影

林伟大/译

海豚出版社
DOLPHIN BOOKS
中国国际出版集团

图书在版编目（CIP）数据

创意配饰DIY：首饰、衣服、包包 /（波）乔安娜·托沃茨科著；（波）波特·森多曼摄影；林伟大译 . -- 北京：海豚出版社，2016.6
ISBN 978-7-5110-2649-1

Ⅰ . ①创… Ⅱ . ①乔… ②波… ③林… Ⅲ . ①首饰－制作②服装－制作③箱包－制作 Ⅳ . ① TS934.3 ② TS941.6 ③ TS563.4

中国版本图书馆 CIP 数据核字 (2016) 第 120260 号

总发行人：俞晓群
制 作 人：吕 晖
监 制：朱立利
责任编辑：孟科瑜 祝 愿
特约编辑：吴 蓓
责任印制：王瑞松 蔡 丽

出版：海豚出版社
地址：北京市西城区百万庄大街 24 号 邮编 100037
网址：www.dolphin-books.com.cn
电话：010-68998879（总编室） 010-68997480（销售）
印刷：中煤（北京）印务有限公司
经销：全国新华书店及各大网络书店
开本：32 开（880mm×1230mm）
印张：4 字数：80 千 印数：8000
版次：2016 年 7 月第 1 版 2016 年 7 月第 1 次印刷
标准书号：ISBN 978-7-5110-2649-1
定价：29.80 元

欢迎关注海豚出版社

欢迎关注海豚动漫

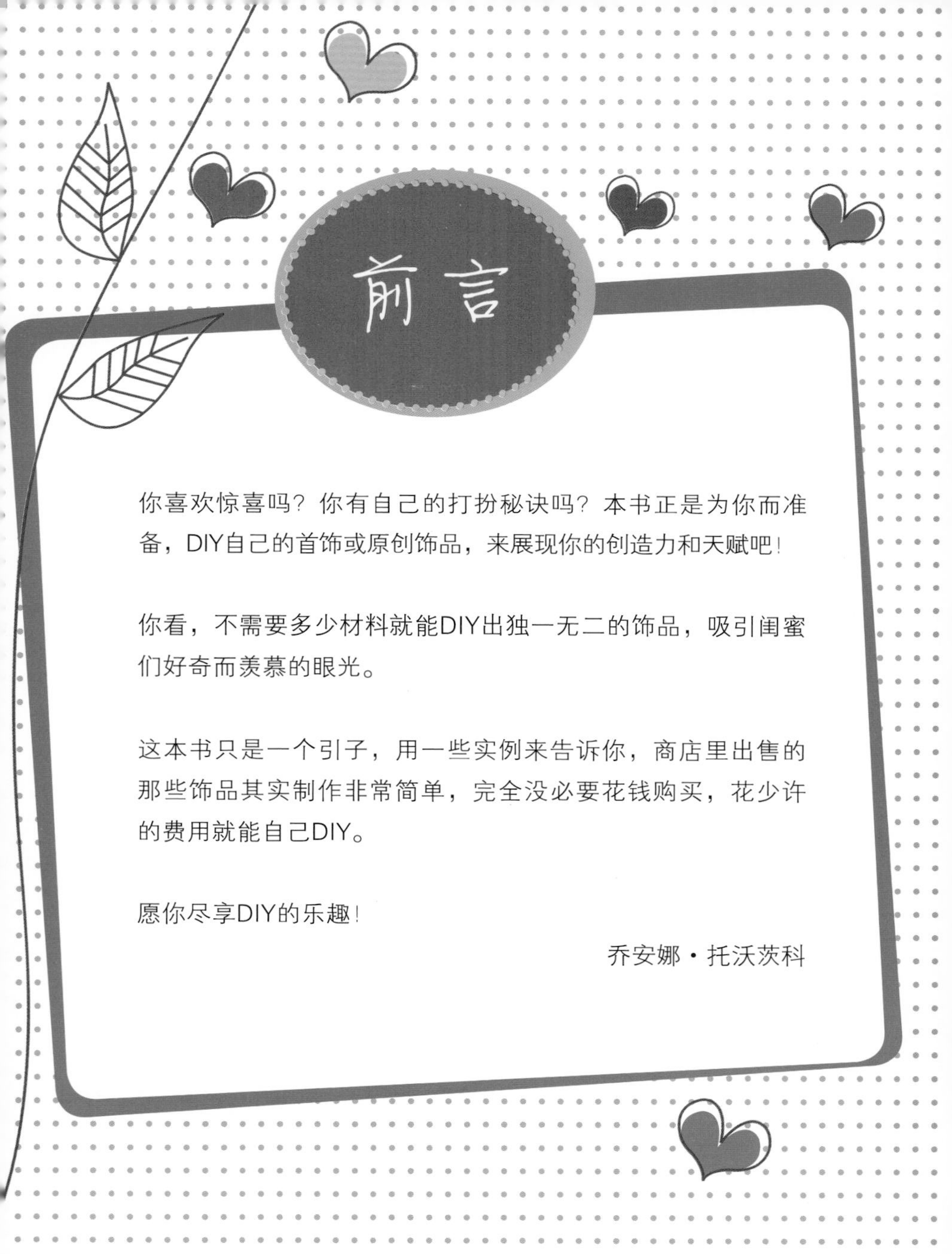

前言

你喜欢惊喜吗？你有自己的打扮秘诀吗？本书正是为你而准备，DIY自己的首饰或原创饰品，来展现你的创造力和天赋吧！

你看，不需要多少材料就能DIY出独一无二的饰品，吸引闺蜜们好奇而羡慕的眼光。

这本书只是一个引子，用一些实例来告诉你，商店里出售的那些饰品其实制作非常简单，完全没必要花钱购买，花少许的费用就能自己DIY。

愿你尽享DIY的乐趣！

乔安娜·托沃茨科

首饰

工具和材料

串珠

照片上有很多种类的串珠，但先不要忙着购买。在家里找找，肯定能找到很多旧项链，有的绳断了，有的也许只是扣坏了。你肯定也能找到很多彩色的小珠子，曾经一时高兴穿了几串，但现在看来是那么的幼稚。现在这些都可以废物利用，用来制作你的原创饰品。

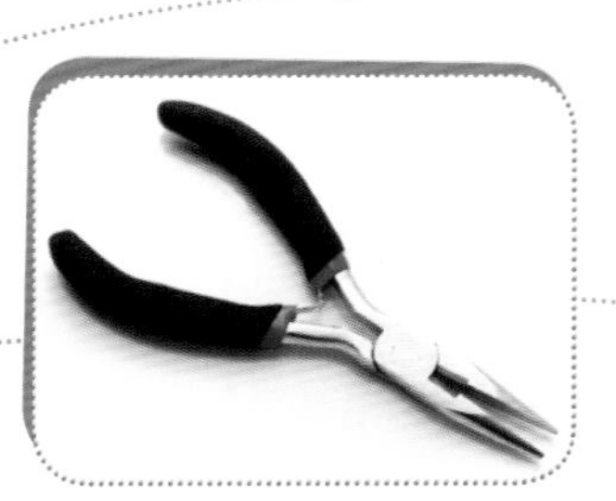

钳子

钳子是制作首饰饰品的必备工具。刚开始，一把普通的钳子就足够了。花费也不大，只要几块钱。当你爱上手工饰品制作时，就可以配备更加专业的工具了。

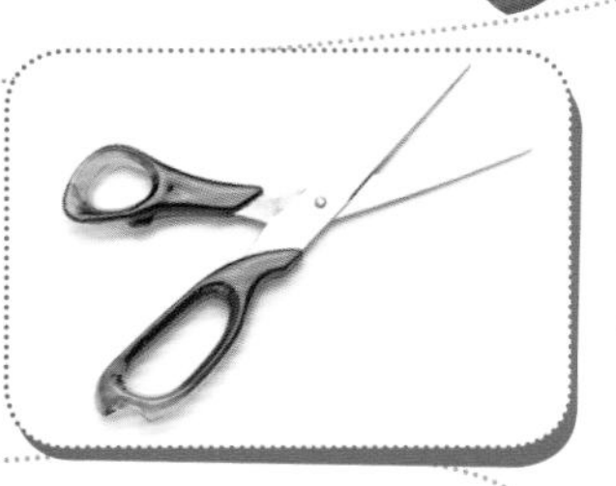

剪刀

剪刀必须非常锋利！
如果你的剪刀很钝的话，
磨一下或者买把新的吧。

胶水

手工制作饰品时许多东西需要粘起来。一般的装订胶水就够了。有时需要用到速干胶（有几种不同的类型），使用这种胶水要非常小心，它会把所有东西都粘起来，包括你的手指！

金属线

这是制作珠宝饰品的基本材料之一，特别是手镯和项链。金属线非常耐用，很少断线。请记住一点——金属线上的折痕不可恢复！有不同颜色和粗细可供选购。

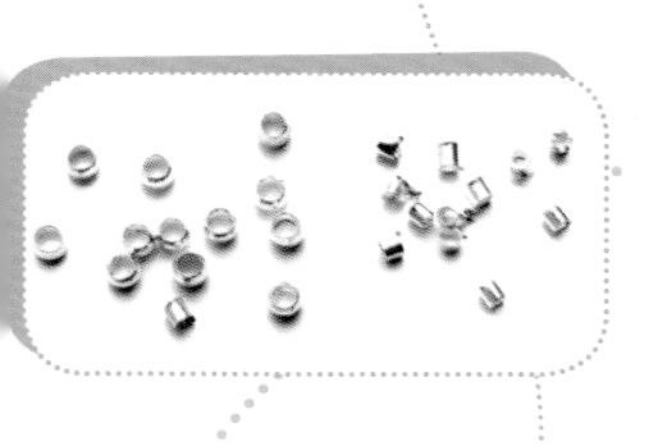

挡珠

这些带孔的小珠用来压扁后固定在线上，使串珠或其他配件固定在指定的位置。有各种大小可供选购，一般为银色或金色。

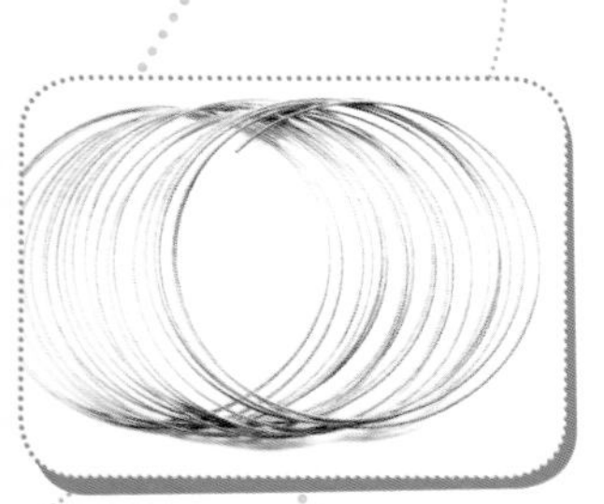

大记忆钢丝圈

奇妙的东西！能保持出厂时的形状，是制作手镯的基本材料，有银色和金色。非常便宜，适合初学者使用。

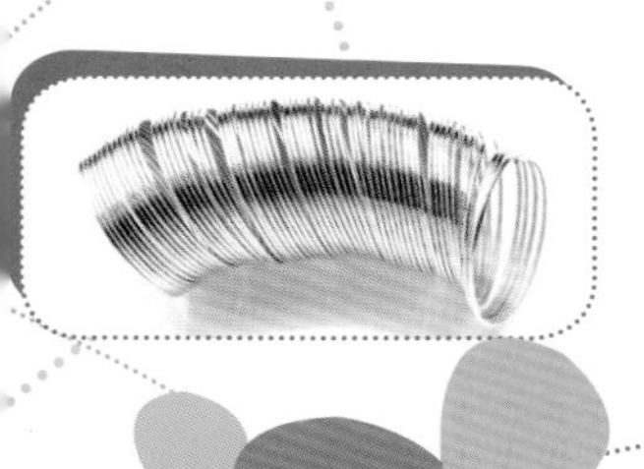

小记忆钢丝圈

具有和大记忆钢丝圈一样的特点和优点，用来制作漂亮的戒指。

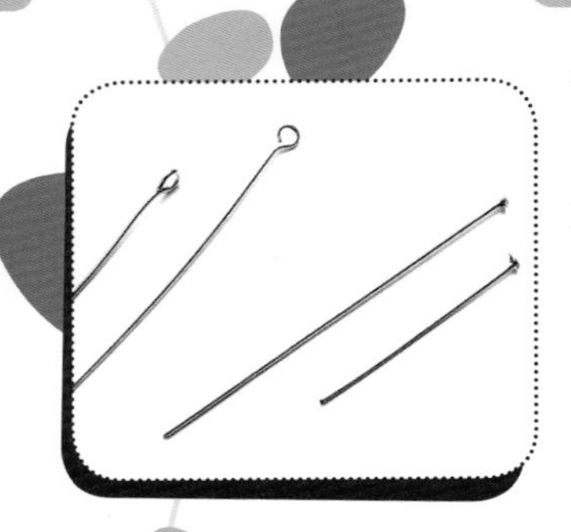

T针或9字针

制作饰品最基本和最重要的工具之一。在针上穿好串珠后把尾部绕成圆形，这种结构你在很多地方都可以用到。针尾为圆环状或者类似传统的大头针。有各种长度可供选择。

单圈

又叫C圈、开口圈，用于饰品配件的连接。有不同的种类，分单环和多环，其中多环具有弹性。

包扣和夹片

包扣用在线或绳的末段来连接单圈。

夹片主要用于皮绳或珠宝线，作用与包扣相同，可以夹住较厚的皮绳或者几根线绳。使用方法：把线或绳放在夹片中间，先压下夹片的一边，接着压下另一边。为了增加牢固性，可以往夹片中滴点速干胶。可以购买带链扣的夹片，有不同的大小可供选购。

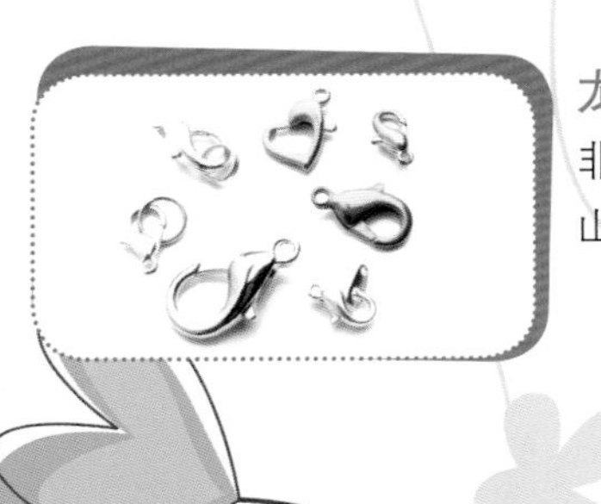

龙虾扣

非常经典的扣，不仅仅用在珠宝首饰上，同样也是登山和航海爱好者的最爱。

砝码扣

作用类似于包扣和夹片，只不过使用砝码扣时，线、绳或皮绳是用胶水粘到扣中间的。有不同的种类和大小，最大的砝码扣甚至可以容下数根最大的皮绳。可购买到带链扣的砝码扣（如磁性链扣或者钩子链扣）。

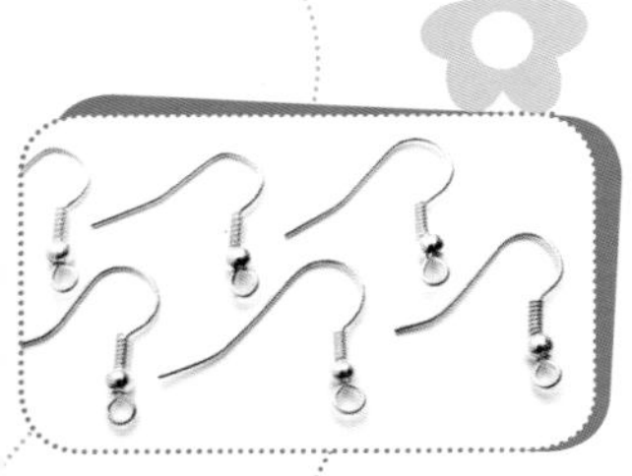

耳勾

耳饰必备品。形状样式丰富多彩，有最简单最常见的样式，也有本身就很精美、能给耳饰锦上添花的样式。

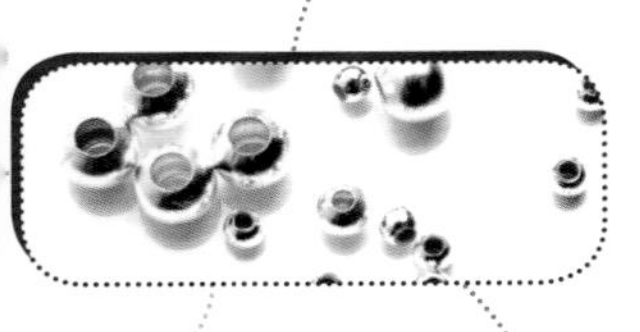

隔珠

隔珠一般起装饰作用。

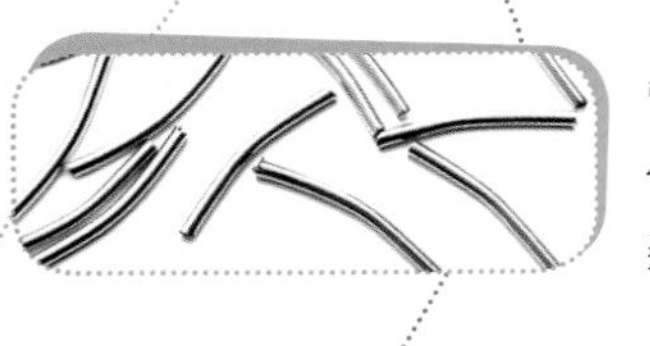

管

作用类似隔珠。可以套在皮绳之类的绳上，本身也有装饰作用。

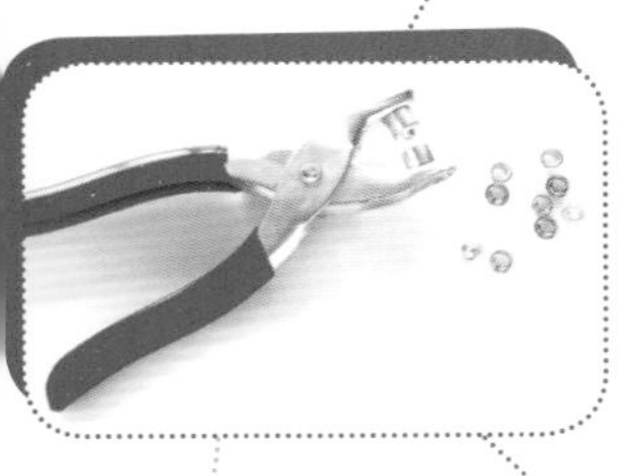

铆扣钳

用来安装铆扣。不是制作饰品的必备工具，但是制作有些饰品的时候非常有用。可以在建材市场买到。

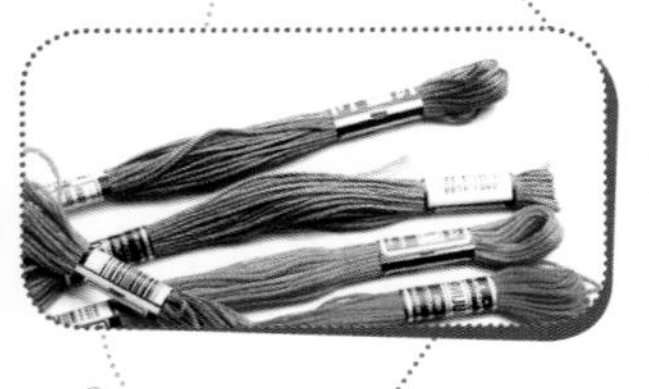

丝线

刺绣时使用的丝线。有各种颜色可供选购。

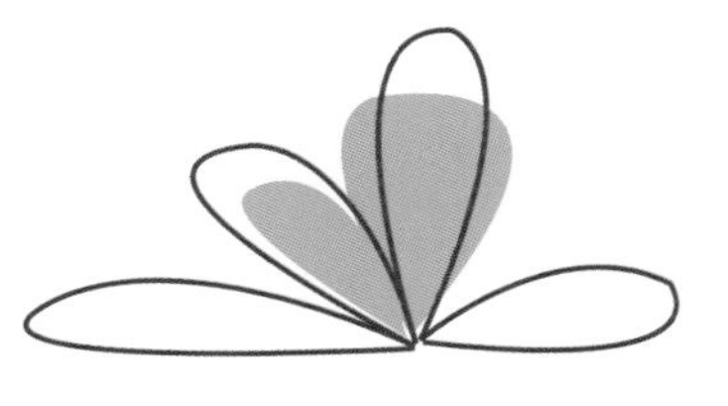

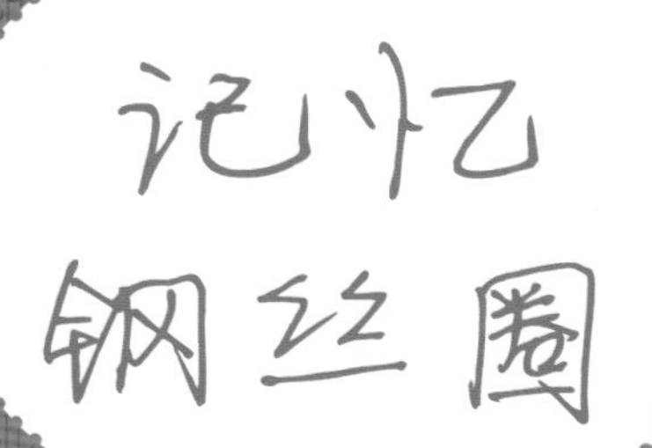

利用记忆钢丝圈制作首饰是最简单的饰品DIY方法。你可以为自己的手饰选择钟意的钢丝圈数，只要在合适的地方用钳子剪断钢丝圈，穿上你喜欢的串珠，装好挡珠、包扣以使串珠不要掉落就OK了！

制作手饰用的钢丝圈比较流行，但是也不要忘了用于制作戒指和项链的钢丝圈。一旦你爱上了首饰饰品的DIY，这类钢丝圈就是无价之宝，能穿上你能想象到的所有东西。

手 链

难易程度：简单

完成时间：15~20分钟

准备：

- 记忆钢丝圈
- 串珠
- 细管
- 金属（银色）珠
- 钳子

最流行的手链一般是3圈。最好一开始就多买一些记忆钢丝圈，比如30圈。

1. 剪下你想要的圈数（但最好别少于两圈）。用钳子把钢丝圈的一端弯成一个小圈，以防串珠掉落。注意用力不要过猛，因为记忆钢丝圈在弯曲时容易折断。
2. 接下来从另一端穿上串珠。
3. 完成后把另一端也弯成一个小圈。

手链（一）

用星球花纹的串珠制作一串独具美感的手链。这些珠子很大，因此每隔3~4个珠子穿上细管和装饰金属珠做间隔。为了使珠子显得更加漂亮，你可以在细管和金属珠之间加上小金属珠或者塑料珠。

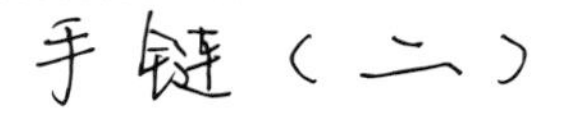

制作方法和星球花纹手链一样，只是最终效果完全不同。穿几个较大的木头珠，把彩色小珠、金属小珠和金属细管间隔穿入。

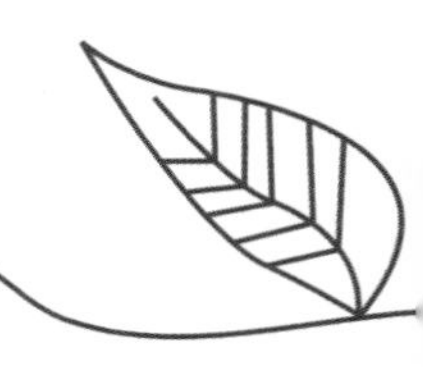

戒 指

难易程度：简单

完成时间：15~20分钟

戒指（一）

准备：

- 做戒指用小的记忆钢丝圈
- 直径2~3毫米的串珠，可以是不同的颜色
- 钳子

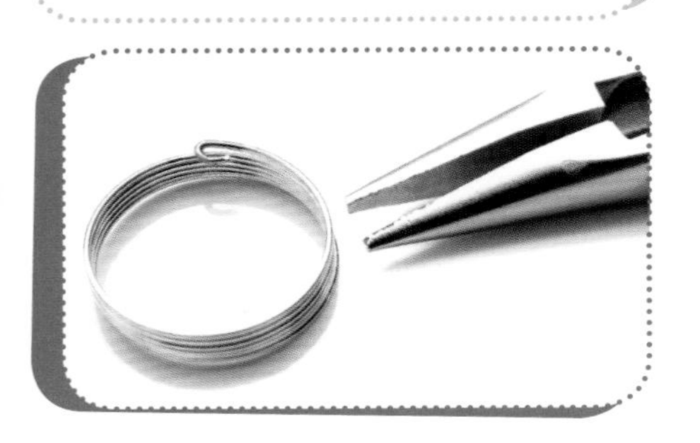

1. 剪下几圈记忆钢丝圈（如5圈）。小心地用钳子把记忆钢丝圈的一端卷弯，注意不要折断。

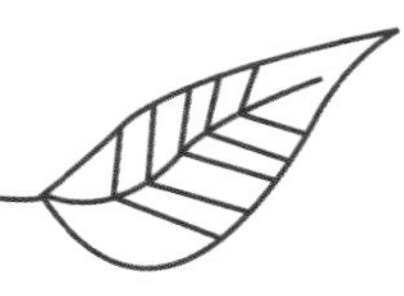

2. 从钢丝圈的另一端穿上珠子。可选用大小各异的珠子，但是差别不要太大，例如：一种是直径2毫米的，其他的就选用直径3毫米或者3.5毫米的，但是不能再大了。穿完所有珠子后把另一端也卷弯。

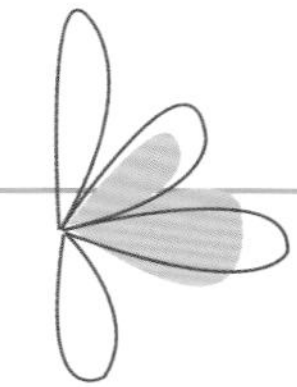

戒指（二）

紫罗兰眼戒指的制作方法和上一个戒指相同。只是这次只使用直径2毫米的同色小珠，穿完一半以后加上眼睛——一个大串珠，再穿上其他小珠就完成了！

戒指（三）

准备：

- 做戒指用的小记忆钢丝圈6圈
- 一颗大串珠
- 两颗小金属圆珠或者圆筒状金属串珠
- 两颗挡珠
- 钳子

1. 在钢丝圈上依次穿上挡珠、圆筒状金属串珠、星球花纹串珠、另一个圆筒状金属串珠和挡珠。

2. 把所有东西再往里穿一圈。从钢丝圈末段再一次穿过这些珠子。现在串珠里应该有两圈钢丝圈。

3. 把所有珠子移到钢丝圈中部，这样珠子两侧就各有两圈钢丝圈。使用钳子压扁挡珠，固定好珠子。
   戒指做好了！

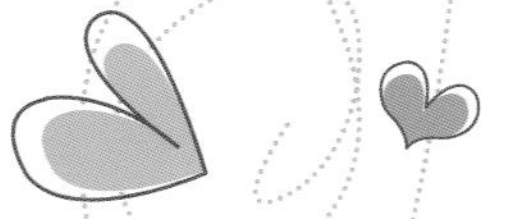

编 织

编织首饰是最时髦的饰品之一，近来非常流行。利用编织技巧，你能制作香巴拉手环、项链甚至耳环。为了让编织饰品更好看，你可以加上不同的串珠。单纯使用彩绳编织的手环，在手腕上缠上几圈也很流行。

准备：

- 绳
- 约1.5米长的编织物或装订用的胶水
- 剪刀

刚开始你可以尝试一些简单的样式，之后再添加串珠。为了更清楚地展示编织方法，这里使用了两种不同颜色的编绳，你在制作编织首饰时应该使用相同颜色的编绳。

1. 剪下约40厘米长的绳子作为主绳（如图：黄色绳子）并把它固定在桌子上，比如可以用胶带粘住。另一截绳子（蓝色）和黄色绳子十字交叉。

2. 蓝色绳子绕黄色绳子打个结。

3. 右侧蓝绳从黄绳下方穿过，绕成一个圈，置于左侧蓝绳上。

4. 左侧蓝绳从黄绳上部穿进右侧蓝绳绕成的圈里。

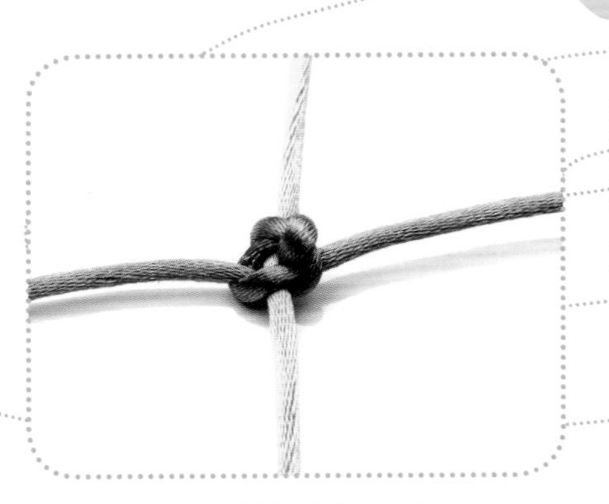

5. 同时拽起两侧的蓝绳打结。

6. 按顺序重复这些步骤，不过这次先从左侧蓝绳开始，从黄绳下方穿过绕个圈，置于右侧蓝绳上。

7. 右侧蓝绳从黄绳下部穿进左侧蓝绳的圈里，拉紧绳子。

8. 重复第3~7步，直到编织到你想要的长度。

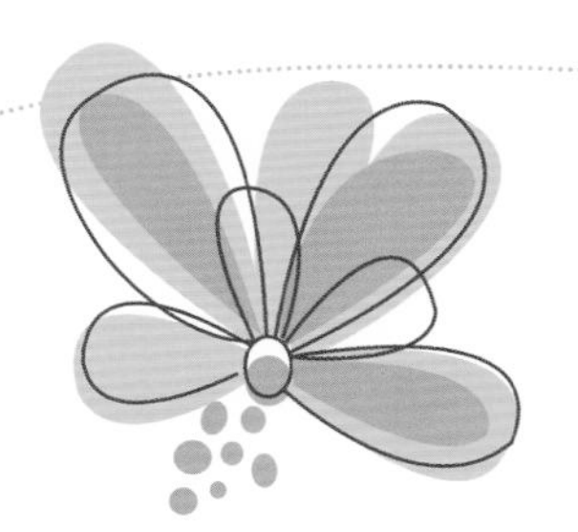

编绳串珠手环

难易程度：简单

完成时间：30分钟

准备：

- 约1.5米长的编绳
- 7颗直径1~1.5厘米的串珠（注意：为了方便绳子穿过串珠，串珠的孔必须足够大）
- 剪刀
- 织物或装订用胶水

1. 先打4~5个绳结（具体方法见第17~18页）。

2. 在主绳上穿上一颗串珠。

3. 在串珠下方再打上几个结，打结的时候可当串珠并不存在。

4. 接着穿一颗珠子，再打几个结。重复这几个动作直到手环长度合适。在末端位置抹上少量胶水，胶水干透以后剪掉两侧的绳子（注意：不要把主绳剪断）。

5. 现在做扣。把两侧的主绳并排在一起，再用另一根长约15厘米的短绳将其系住。

6. 打几个同样的结，不要穿串珠。如果手环太短，可以多打几个结。

7. 在末端抹少量胶水，尽量在靠近结的位置剪断两侧的绳子。为了避免主绳从扣中滑出，在主绳绳尾各打一个结。也可以在绳尾加上一颗串珠。

选择好颜色合适的绳子和珠子，你就能为好朋友DIY漂亮的手环了。

螺旋编织

准备：

- 编绳
- 织物或装订用胶水
- 剪刀

在经典绳结的基础上对编织方法进行细微调整就可以编出螺旋绳结。运用螺旋编织法可以DIY出独具特色的项链、坠饰和耳饰。

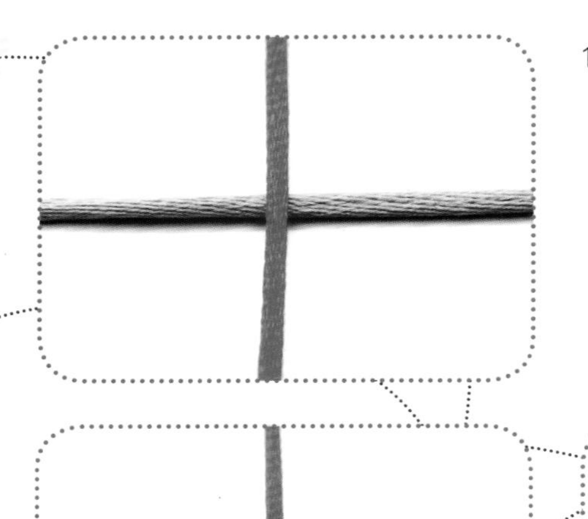

1. 准备一段绳子，用作项链主绳，用胶条将其固定在桌子上。第二根绳子（侧绳）交叉置于主绳下方，左右长度相当。

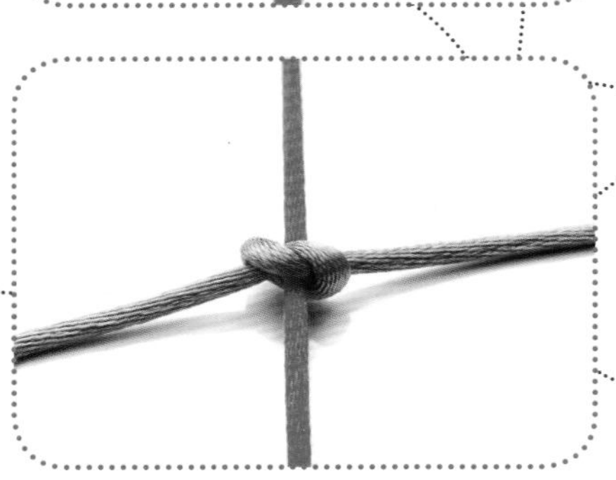

2. 侧绳在主绳上打个结。

3. 右侧绳从主绳下方穿过，打个圈，置于左侧绳上。

4. 左侧绳从主绳上方穿进右侧绳圈。

5. 同时拉紧两侧的绳子。

6. 再次用右侧绳做个圈，即重复第3步。

7. 左侧绳从主绳上方穿进右侧绳圈，即重复第4步。

8. 重复第3~5步，你就能编出螺旋状绳结了。

难易程度：简单

完成时间：90分钟

准备：

- 两根不同颜色的编绳，不要太粗
- 一个较大的可用作吊坠的金属饰品
- 几个较小的串珠或者金属饰品
- 剪刀
- 织物或装订用胶水

坠饰可以用两种不同颜色的亚麻绳制作。为使它们的连接显得不那么扎眼，可在两个不同颜色的亚麻色中间穿一个金属配件。

编织耳坠

难易程度：简单

完成时间：5分钟

准备：

- 耳坠半成品
- 串珠
- 耳勾

耳饰

你第一眼可能会觉得耳饰的制作非常复杂，但这只是表象。一旦你学会了几种基础的制作方法，就会变得一发不可收拾，因为耳饰制作成本小，制作简单，需要的只是你的想象力和创造力。

耳圈

难易程度：简单

完成时间：15分钟

准备：

- 半成品耳圈
- 串珠
- 耳勾

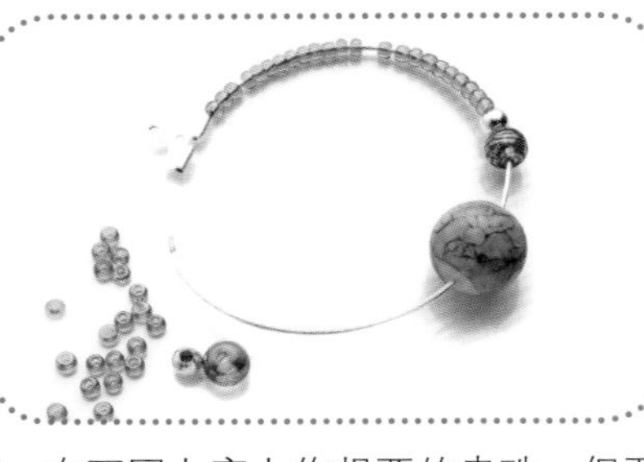

1. 在耳圈上穿上你想要的串珠，但要注意，耳圈不能太重，这是DIY耳圈唯一的限制。

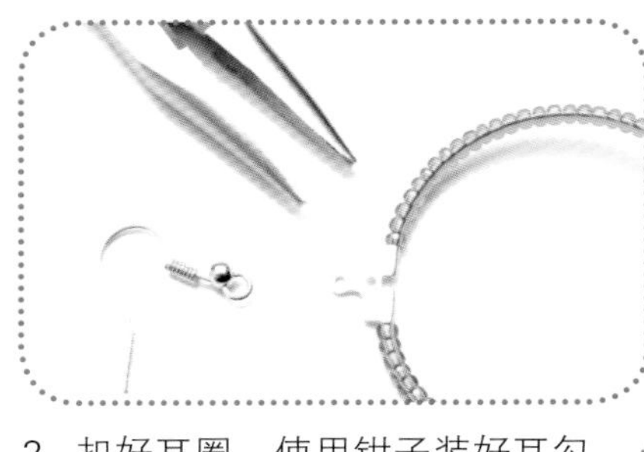

2. 扣好耳圈，使用钳子装好耳勾。耳圈就做好了！

T针耳坠

难易程度：简单

完成时间：20分钟

准备：

- 两个耳勾
- 两枚T针或者9字针
- 不同大小的串珠
- 单圈
- 钳子

使用T针是另一种制作耳饰的方法。制作过程稍微复杂些，但是不要担心，难度并不大。

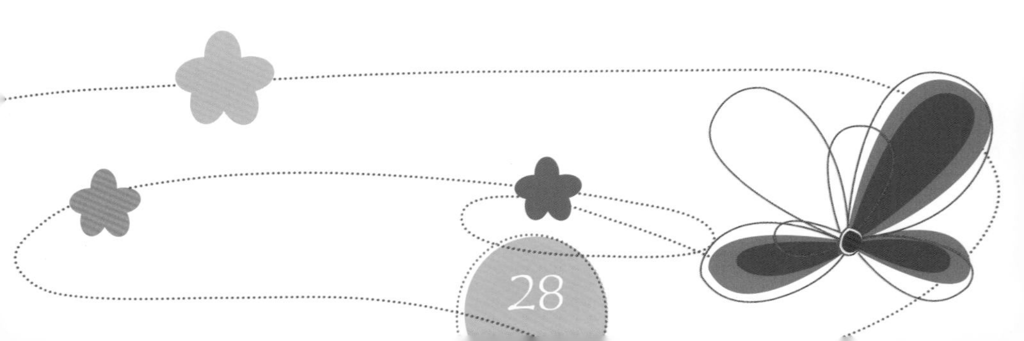

1. 准备好需要的材料。

2. 按从大到小的顺序在T针上穿好串珠。

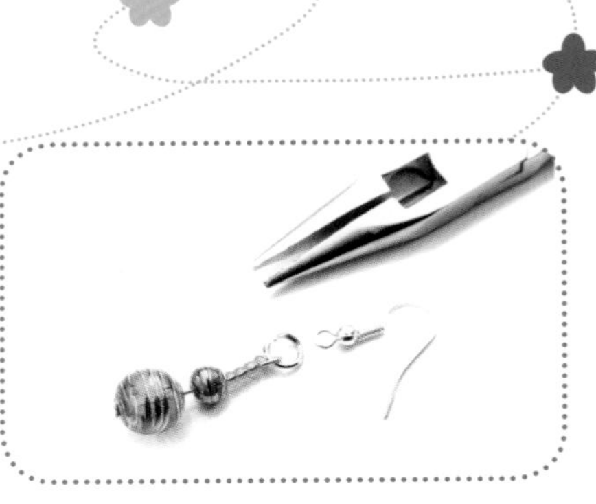

3. 把T针多余的部分剪下，只留下可以在末段绕一个小圈的长度，接上单圈，装上耳勾，耳环就做好了！

珠宝线耳坠

难易程度：中等

完成时间：20分钟

准备（一只耳坠）：

- 约25厘米长的珠宝线
- 3颗直径约0.5厘米的大串珠
- 6颗小串珠
- 耳勾
- 钳子
- 夹片
- 挡珠（可选）

使用珠宝线也可以DIY出漂亮的耳坠。珠宝线真是DIY珠宝饰品的完美材料，价廉物美，有多种颜色可供选购。你可以整卷购买或者只买几米。

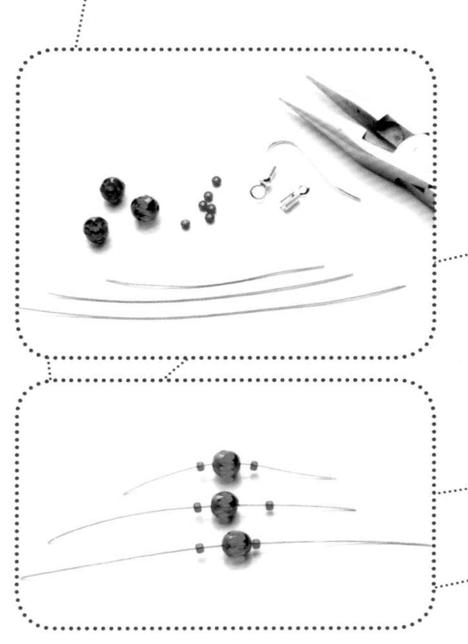

1. 准备好需要的材料和工具。

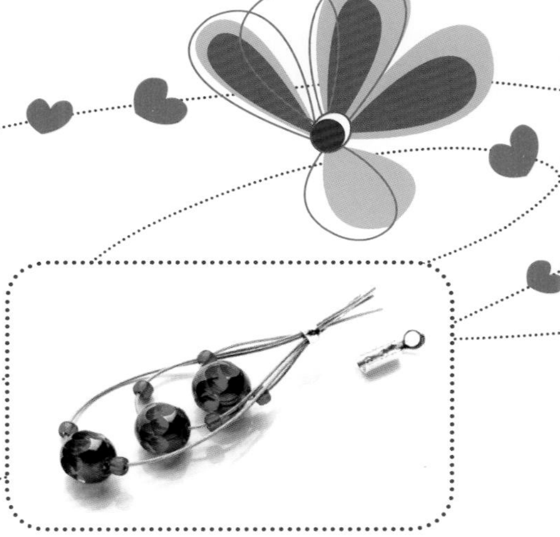

2. 剪下长度分别为4.5厘米、6.5厘米和8.5厘米的三段珠宝线。在每段线上依次穿上小串珠、大串珠和小串珠。

3. 把三段珠宝线对折束在一起，穿好挡珠并压扁，使串珠不滑落、珠宝线不松动。

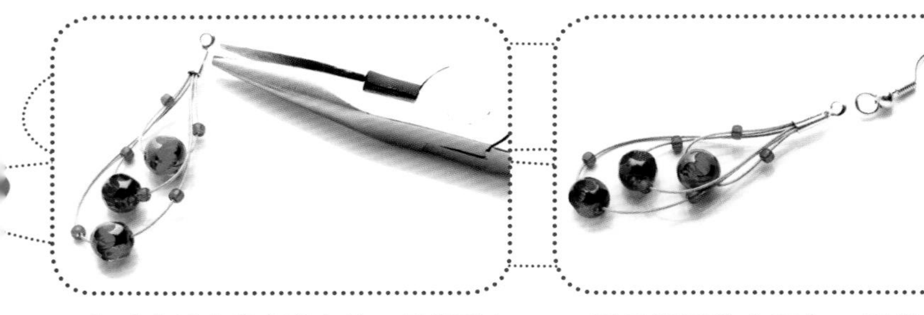

4. 把珠宝线末段塞进夹片，用钳子夹紧夹片。如果有线头伸出来，用剪刀剪掉。

5. 再用钳子装上耳勾。用相同方法制作第二个耳坠。

珠宝线耳坠

难易程度：中等

完成时间：30分钟

准备（一只耳坠）：

- 约30厘米长的珠宝线
- 3种颜色的串珠，一种稍大
- 挡珠
- 圆形夹片
- 耳勾
- 钳子
- 剪刀

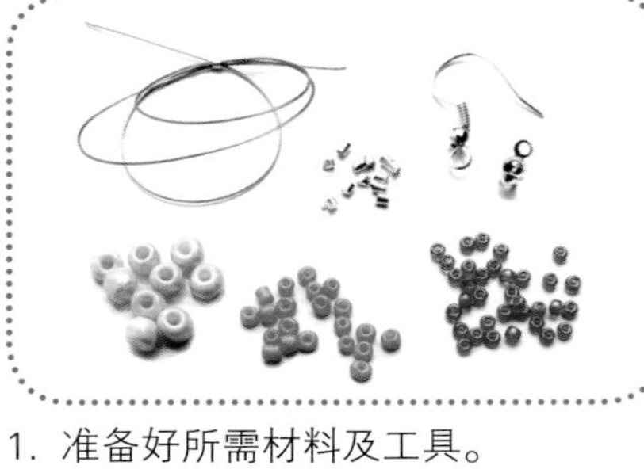

1. 准备好所需材料及工具。

2. 在珠宝线上依次穿上大串珠和几颗小串珠，在每个大串珠的两边各穿一个挡珠。

3. 把珠宝线卷成三个大小不同的圈，每一个圈里都应该留些串珠，圈越小珠子越少。用夹片夹住所有的线，用钳子夹紧夹片以防珠宝线散开。

4. 把每个圈上的串珠大致对称摆放好，夹扁挡珠使其不能随意串动。加上耳勾，耳坠就做好了！使用相同方法制作第二只耳坠。

天蓝色耳坠

使用两段珠宝线制作的耳环

把两段线穿过耳勾、对折，对折后的四根线穿过一个小串珠。在四根线上穿上不同的串珠，加上挡珠，用钳子夹紧。

皮绳首饰

使用皮绳制作的首饰已经流行多年。皮绳不仅容易买到，而且有不同的颜色和尺寸可供选购，价格还比较适中。这种类型的饰品不仅女孩子喜欢佩戴，男孩子也很喜欢。

皮绳耳坠

皮绳耳坠是天底下最容易DIY的东西！
相信你一定会喜欢。

难易程度：简单

完成时间：15分钟

准备：

- 20厘米长的绒皮绳
- 2个直径0.5厘米的珐琅扣
- 耳勾
- 2个单圈
- 速干胶
- 剪刀

1. 准备好所需材料及工具。

2. 将6厘米和4厘米长的绒皮绳各剪两段。

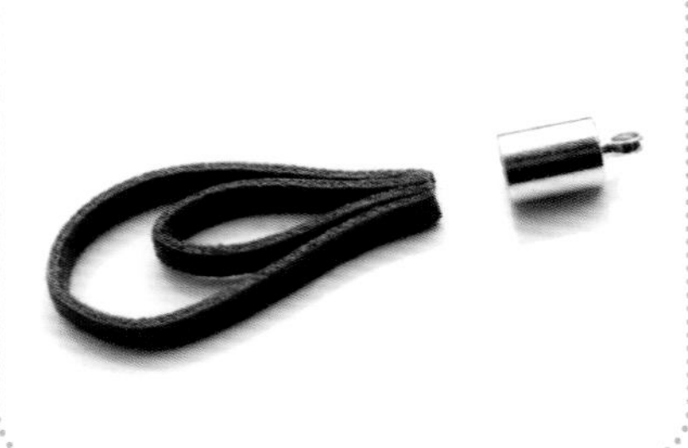

3. 长短各一的皮绳对折在一起。往准备好的珐琅扣里小心地滴几滴速干胶，把对折好的皮绳头塞入珐琅扣，按住直至胶水干透。

4. 用单圈把珐琅扣和耳勾连接起来。OK了！

彩色耳坠

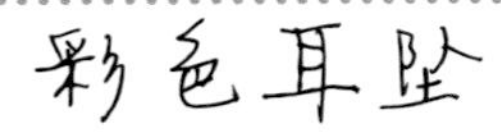

也可以把几种不同颜色的皮绳粘到珐琅扣里。

注意：速干胶粘性极好，很可能粘到手指！操作时可以请其他人帮忙。

粗皮绳丝线手环

难易程度：简单

完成时间：40分钟

如你所知，皮绳是制作男女佩戴手环的完美材料。如果你做过刺绣或一种叫作友谊手环的手镯，那你一定可以在家里找到丝线。

准备：

- 约45厘米长的皮绳
- 几种颜色的丝线（不一定需要整束）
- 剪刀
- 织物或装订用胶水
- 胶带
- 粗缝纫针

1. 准备好所需材料及工具。

2. 为了方便操作，用胶带把皮绳固定在桌面上。往皮绳上抹点胶水，把第一根丝线粘好。

3. 在稍微靠上一点的位置开始缠丝线，以便把线头缠住不外露。加上第二种颜色的丝线继续缠，此时注意把第二种丝线的线头和第一种丝线的一部分缠在里面。当再加上第三种颜色的丝线或者接着缠之前缠过的丝线时，也要注意把线头藏在线圈下面。

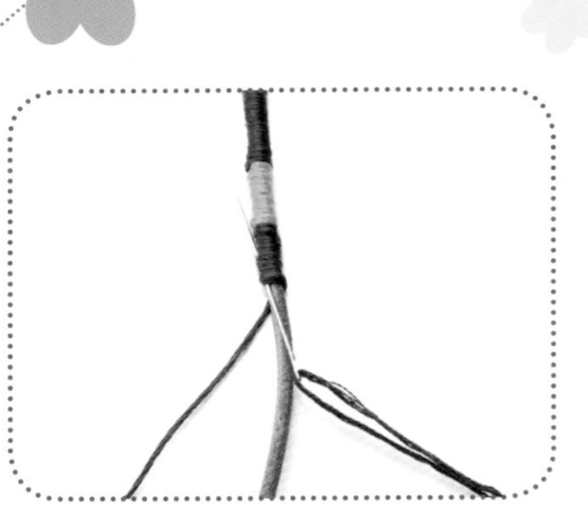

4. 最后一根线环绕皮绳打结，然后把线穿进针眼，针从线圈下穿过，让线头在线圈下压好，剪掉多余的线。

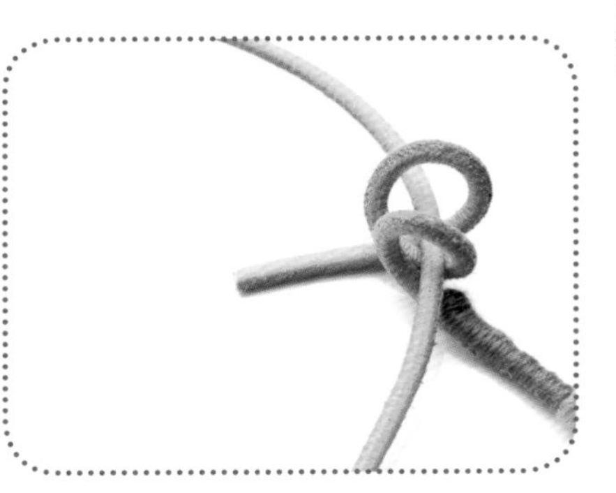

5. 现在做结扣。皮绳右端在左端上方缠两圈。

6. 皮绳末端从绳圈中间穿过，拉紧。同样，皮绳左端缠绕右端两圈，皮绳末端从两圈绳圈中穿过。

7. 另一边也拉紧就OK了！

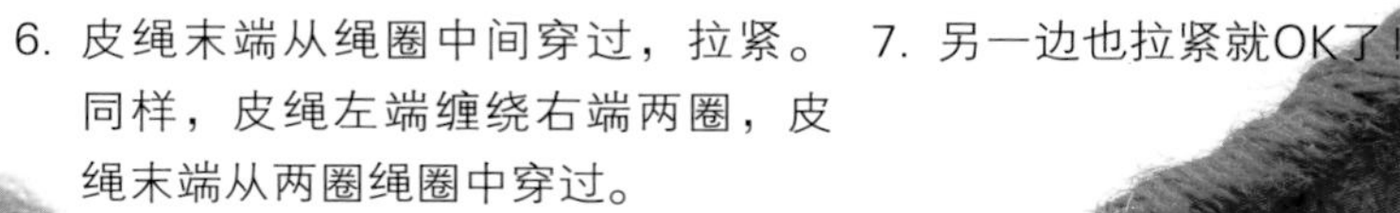

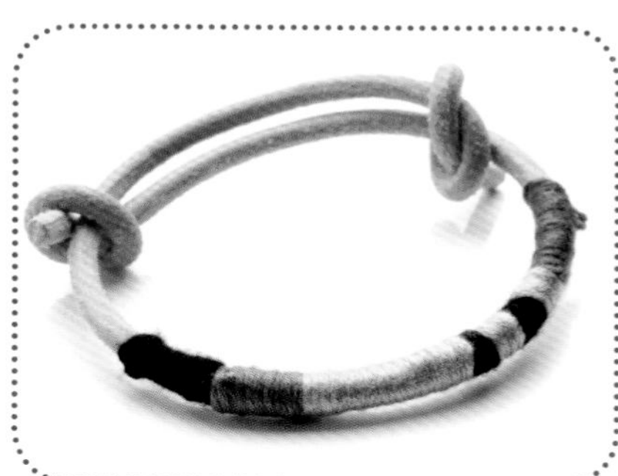

Lilou风格手链

Lilou品牌的手链非常流行。你也能简单地DIY类似的手链。只要在蜡线或皮绳上加上漂亮的吊坠就行，但要注意，Lilou手链一般使用细皮绳或蜡线。

皮绳链子混搭手链

难易程度：简单

完成时间：30分钟

准备：

- 圆柱形皮绳：17厘米
- 金属小珠链：17厘米
- 丝线
- 珐琅扣
- 小龙虾扣
- 两个单圈
- 剪刀
- 速干胶

现在皮绳和链子的混搭非常流行。这样的手饰成组佩戴更加好看。你可以使用丝线，也可以使用小彩绳。

1. 准备好所需材料及工具。

2. 把丝线系在皮绳末段上，为了便于缠线、避免线滑动，可以使用胶水稍微粘一下。

3. 把链子和皮绳用丝线缠在一起，完成后打个结，剪掉多余的线。

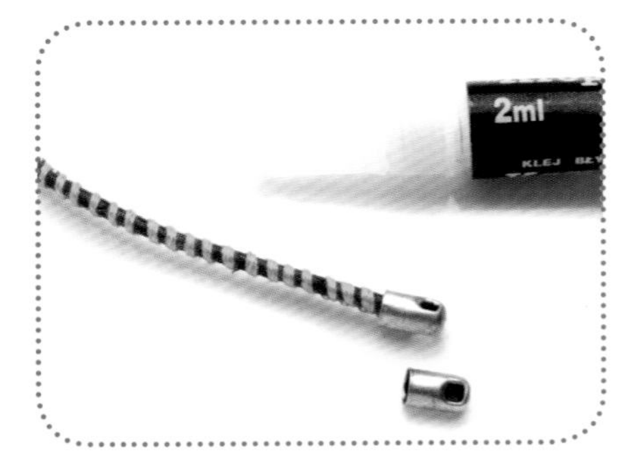

4. 往珐琅扣里滴2~3滴速干胶（注意不要粘到手上），将皮绳和链子末段装入扣里。待胶水干透以后，把另一端的扣也装上。

5. 一端的珐琅扣装上单圈，另一端装上单圈和龙虾扣。一条混搭手链就完成了。

毛毡

毛毡作为首饰制作的材料，很长时间以来一直就拥有众多的拥趸者。几乎可以用它制作所有的饰品，而且制作简单，因为毛毡具有多种优点，它的边缘不易磨损，可以缝、粘，有多种颜色和厚度可供选购。此外，最重要的是毛毡很便宜。

铆扣手环

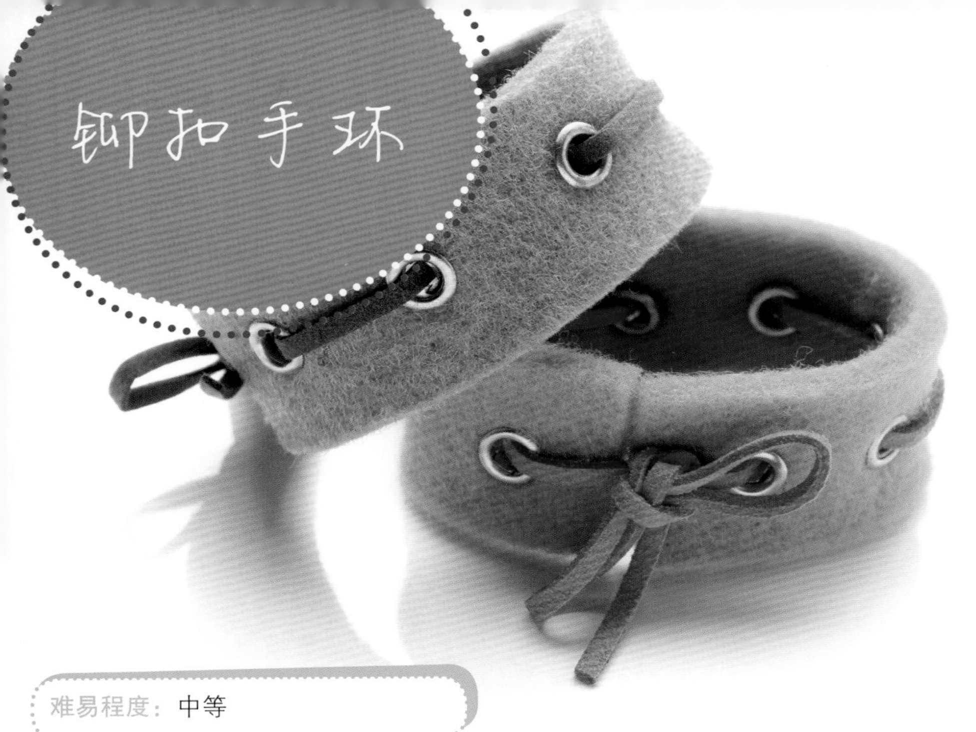

难易程度：中等

完成时间：40分钟

为了制作这个手饰，除了毛毡外还需要铆扣。可在建材市场买到。

小贴士：可以先在小块毛毡上练习使用铆扣钳。

准备：

- 一段较厚的毛毡（厚度最好有4毫米）
- 铆扣钳及空心铆扣
- 皮绳或者装饰用绳
- 剪刀
- 尺子和铅笔

1. 准备好所需材料及工具。

2. 从毛毡上剪下一块宽约2.5厘米、长度约等于你手腕周长的长方形。

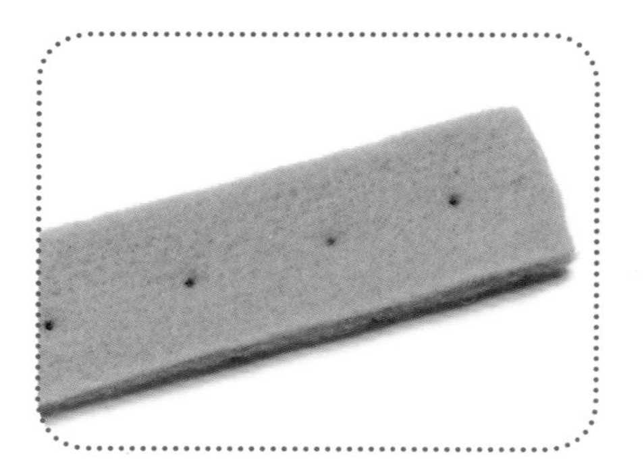

3. 在要钉空心铆扣的地方做上记号。空心铆扣数量应该是偶数，这样穿进铆扣的皮绳两端才会在手环的同一侧。

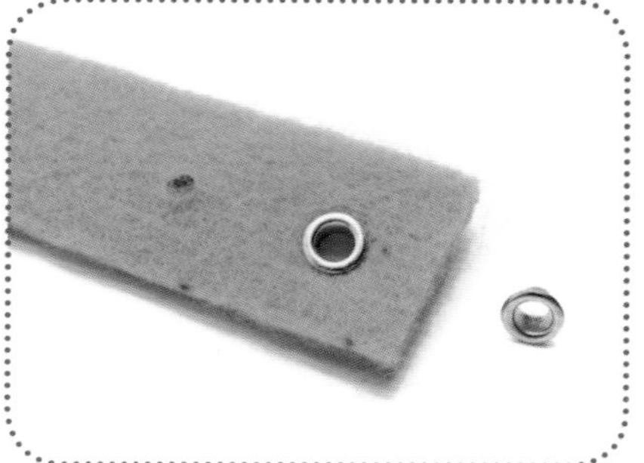

4. 用剪刀在做记号的位置剪个洞。在洞里装上一个空心铆扣。

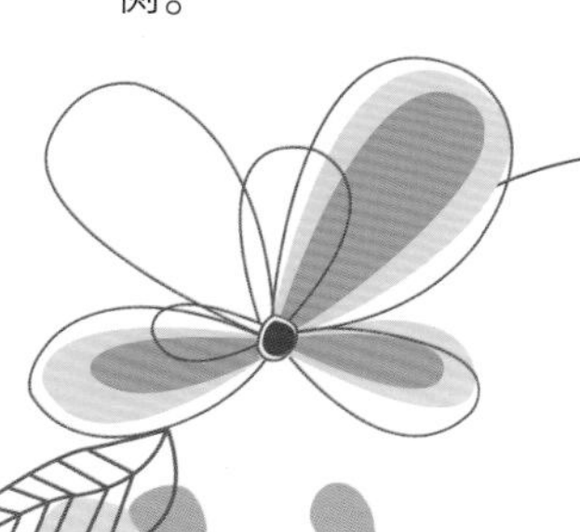

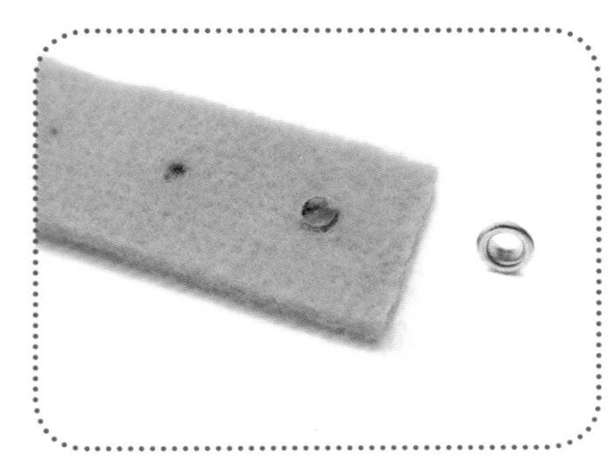

5. 从另一侧看装上的空心铆扣是这样的。

6. 将第二个空心铆扣装进铆扣钳，用力捏紧铆扣钳（铆扣钳的使用参考使用说明书，你也可以请别人帮忙）。

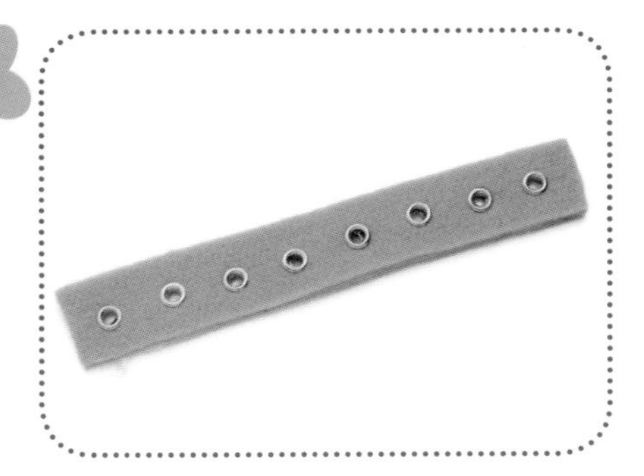

7. 在其他位置依次装上空心铆扣。

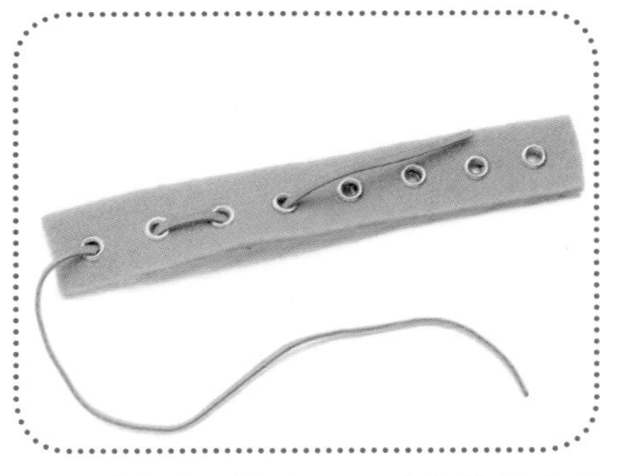

8. 把皮绳穿过铆扣眼。皮绳的长度应该能足够在手腕上打个结。

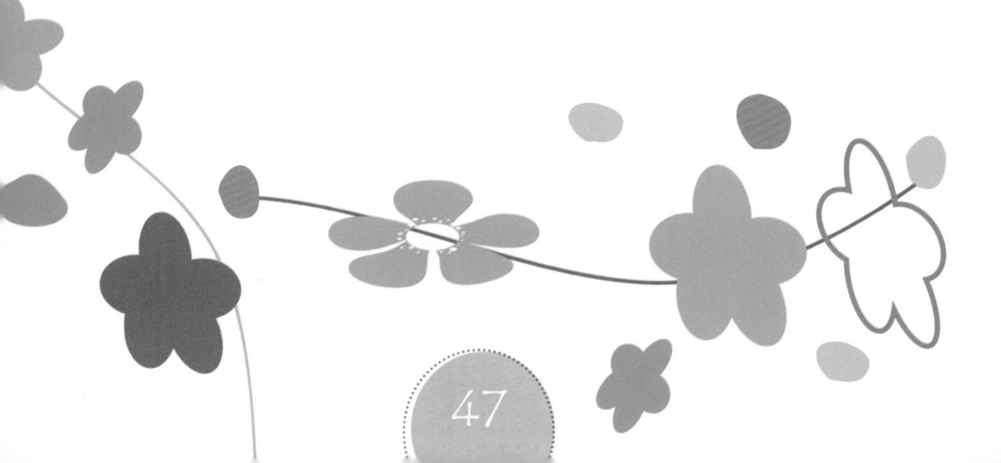

毛毡项链

难易程度：简单

完成时间：1小时

准备：

- 几张薄毛毡（可以是不同大小的）
- 针和结实的线
- 金属串珠和各色串珠若干
- 一段链子（可选）
- 龙虾扣
- 锋利的剪刀
- 直径约2厘米的圆形纸片，用作样式

制作这样的项链并不难，但是有点费时间。从毛毡上剪出足够数量的圆片需要大量时间。你可以一次同时剪三张，这样可以节约不少时间。记住了，工欲善其事必先利其器，剪刀必须非常锋利。

1. 准备好所需材料及工具。

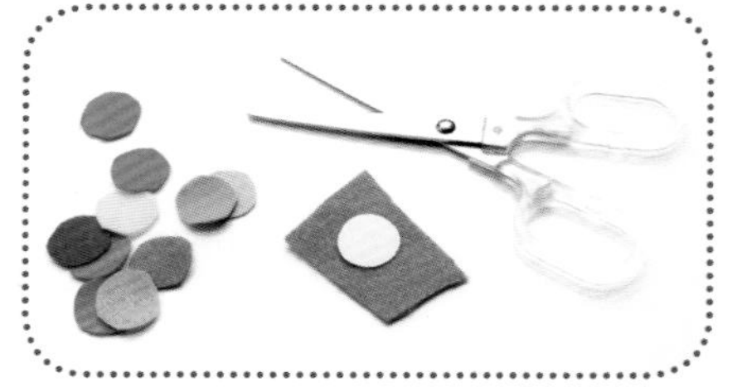

2. 从毛毡上剪下足够多的直径为2厘米的圆片。你可以用大头针把纸质图样固定在毛毡上。如果你的剪刀足够锋利，可以一次剪三层毛毡。

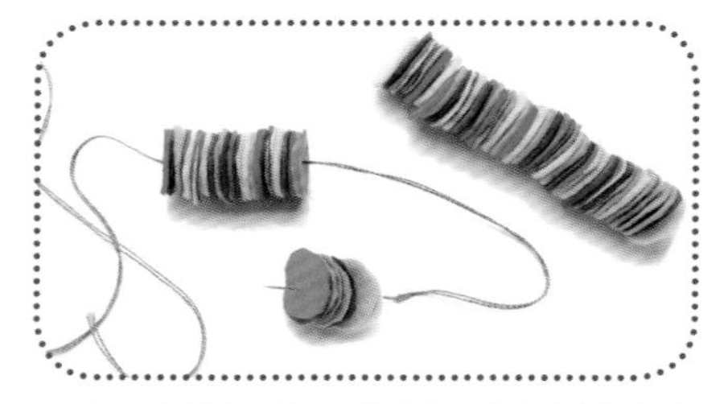

3. 用针线把剪下的圆片紧密地穿起来。

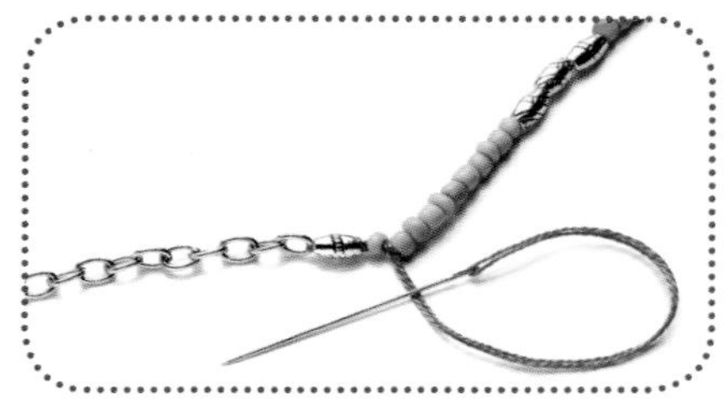

5. 在一端加上链子，另一端装上龙虾扣，这样你可以自己调整项链的长度。如果你不想要链子，一定记得项链要足够长，这样才能戴上去。

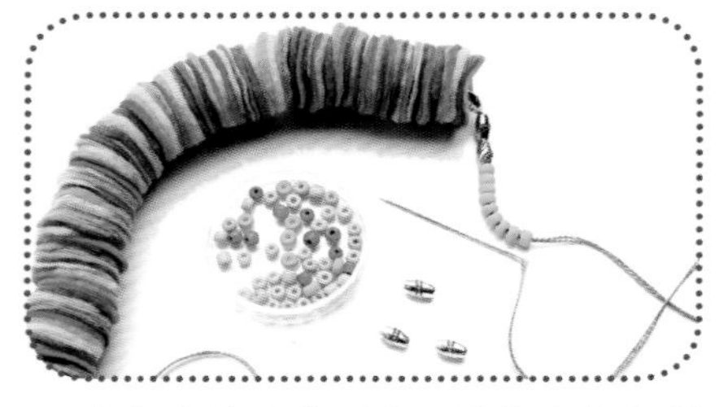

4. 串起来的毛毡圆片两端依次穿上彩色和金属串珠。

难易程度：简单

完成时间：1.5小时

准备：

- 两张1毫米厚的毛毡，A5纸大小
- 织物、装订或纸张用胶水
- 锋利的剪刀
- 尺子和铅笔

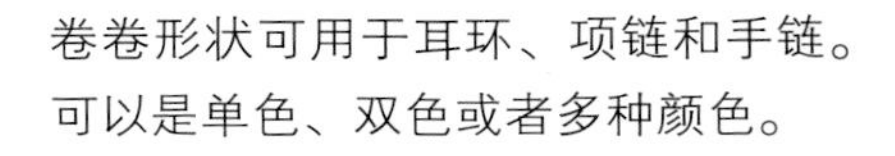
卷卷形状可用于耳环、项链和手链。可以是单色、双色或者多种颜色。

1. 准备好所需材料及工具。

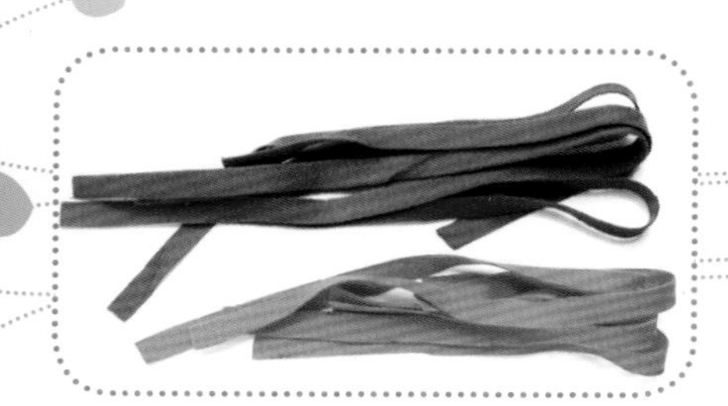

2. 毛毡剪成1厘米宽的长条。

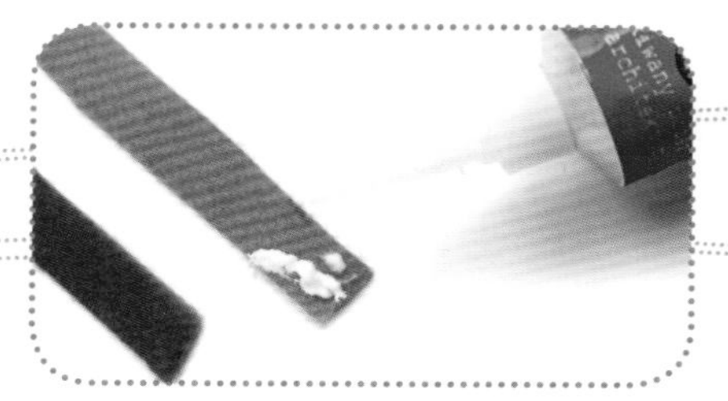

3. 在一种颜色的长条毛毡末段抹上少量胶水。

4. 开始卷长条毛毡，隔一段距离再抹点胶水。

5. 加上第二种颜色的长条毛毡。

6. 同时卷两种颜色长条毛毡。

7. 当第一种颜色的毛毡卷到头以后，继续把第二种颜色的毛毡卷完。

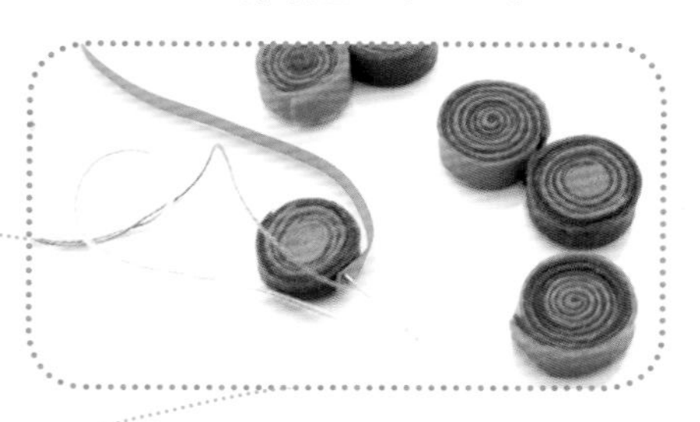

8. 卷十几个这样的卷卷。用结实的线把卷卷串起来。在线的末段缝上用来佩带的缎带。

衍纸

衍纸又叫卷纸，是一门手工艺术，利用衍纸技术可以制作独具特色的卷纸首饰。衍纸用纸可以在纸用品商店购买或网上订购。衍纸技术一般用来做卡片或画，但现在你要用来它做耳饰或者坠饰。

纸卷耳坠

难易程度：中等

完成时间：1小时

准备：

- 一些纸带
- 装订胶水，或者其他那些干透后透明的胶水也可以
- 饮料吸管
- 两根9字针
- 耳勾
- 两个单圈
- 两个隔珠
- 剪刀
- 钳子
- 银色丙烯酸漆或蛋彩画颜料
- 画笔

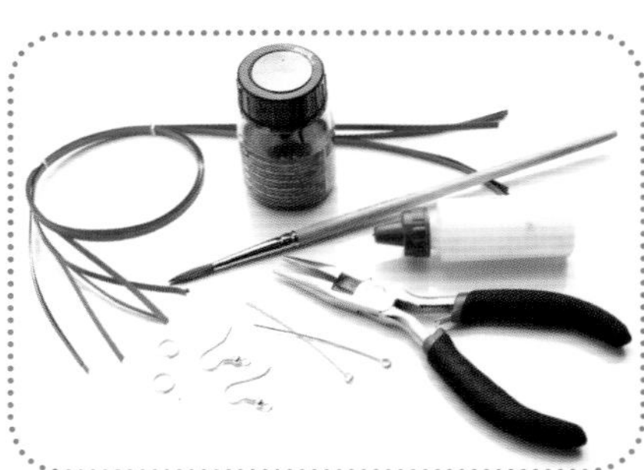

1. 准备好需要的材料。

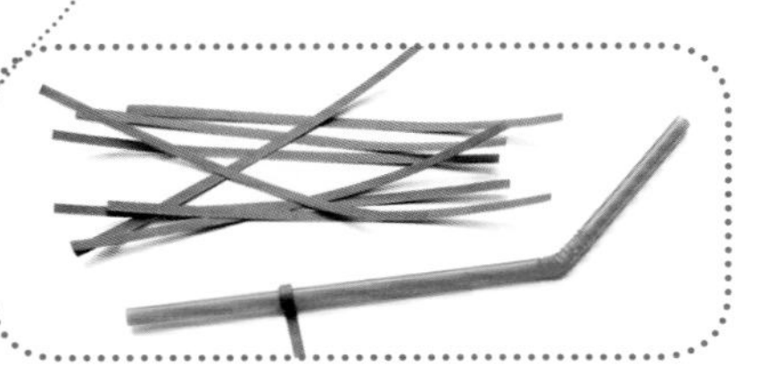

2. 剪7段约12~13厘米长的纸带。把纸带卷在吸管上，末段粘好。小心地把纸卷从吸管上取下来。

3. 卷7个这样的纸卷。

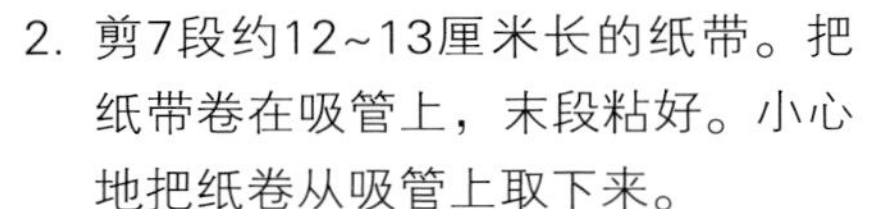

4. 把6个纸卷围绕着第7个纸卷粘起来。可用牙签来抹胶水。

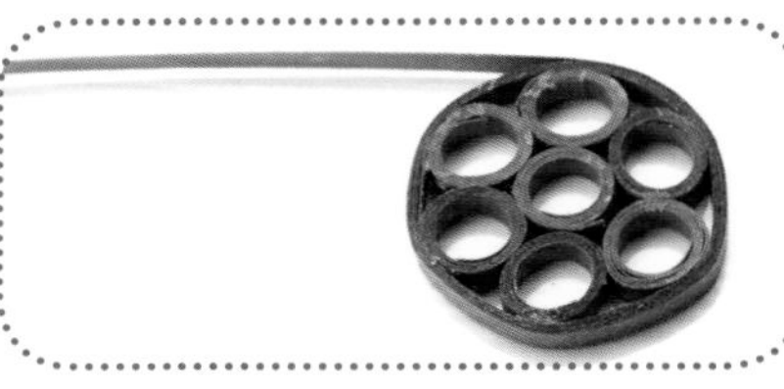

5. 用长纸带把刚才粘好的纸卷缠起来，末段粘好。

6. 把做好的大纸卷涂上银色漆。放置待漆干。

7. 大纸卷上装上单圈，把隔珠穿在9字针上。

8. 9字针剪去多余的部分，只留下足够弯一个圈的长度。一端装上耳勾，另一端接上单圈。耳坠就做好了！

郁金香耳坠

如果你喜欢纸卷耳坠，那可以尝试做下这个衍纸饰品。这个难度稍大，但相信你一定能搞定！

难易程度：困难

完成时间：1小时

准备：

- 衍纸用纸带（任意颜色）
- 衍纸笔
- 圆圈尺（衍纸尺）
- 装订用胶水，或者其他那些干透后透明的胶水也可以
- 四个金属或银单圈
- 两个耳勾

1. 准备好所需材料及工具。

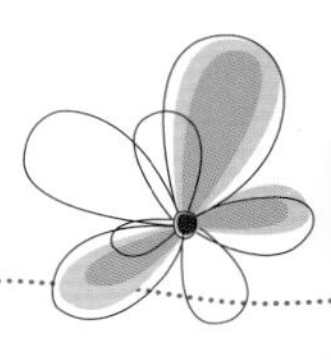

2. 剪下一段40厘米长的纸带（颜色最浅的）和四段80厘米长的纸带（两根颜色稍浅、两根颜色稍深）。卷成纸卷。

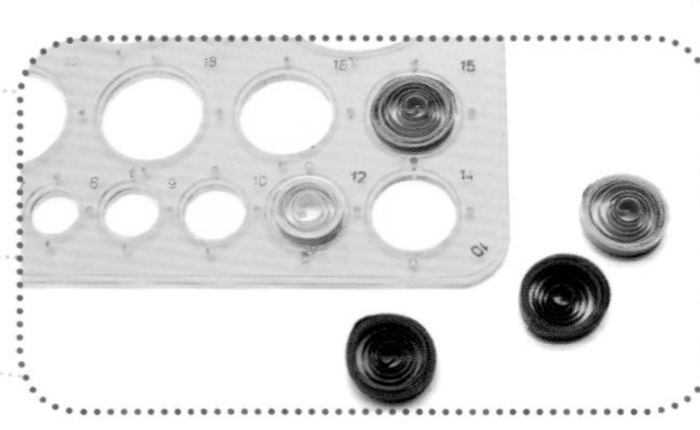

3. 浅色的纸卷放入圆圈尺12号圈，当纸卷完全舒张开后，粘好、取出。其他的纸卷放入15号圈，按前面的步骤做好。

4. 用手指从两侧把颜色最浅的纸卷挤压成纺锤形。稍大的纸卷也从两侧挤压，同时把一端往左拧，另一端往右拧。

5. 先把颜色较浅的纸卷粘到浅色小纸卷上，接着把较深颜色的纸卷也粘好。你可以使用牙签来抹胶水。然后用手指用力挤压粘好的郁金香花朵，让花朵不至于过宽。

6. 最后，装上单圈和耳勾。

花朵耳坠

如果你喜欢衍纸耳坠，就尝试做下一个。难度稍大，但相信你行的！

1. 把15厘米长的彩纸带和25厘米长的黑色纸带粘在一起。先开始卷彩纸带，然后卷黑纸带。

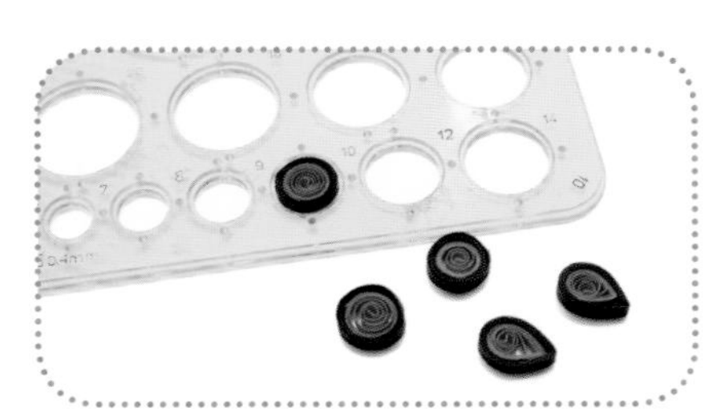

2. 先不要粘，把纸卷放到圆圈尺10号圈。稍微舒张开后，粘好取出。一侧用手指把纸卷挤压成泪滴形状。做5个同样形状的纸卷。

3. 把所有的纸卷粘成花朵状，可以使用牙签抹胶水。

4. 给花朵装上单圈，再接一个单圈和耳勾，一个耳坠就做好了，下面你可以接着做第二个了。

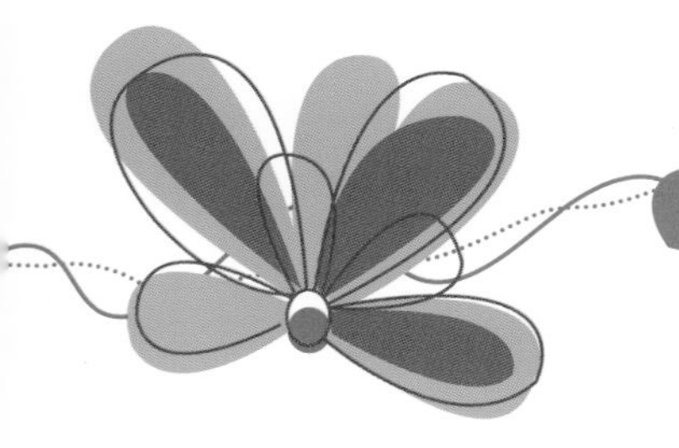

混搭首饰

你想让朋友们羡慕你独一无二的首饰吗？仔细观察周围，到处都是灵感。

珍珠缎带

难易程度：中等

完成时间：1小时

准备：
- 珍珠项链
- 窄缎带
- 强力线，颜色同缎带
- 针

你肯定能在家里找到一些不需要的人造珍珠项链。谁也不戴了，扔了又可惜。你可以利用它DIY成漂亮的项链或者手链。

1. 准备好所需材料及工具。

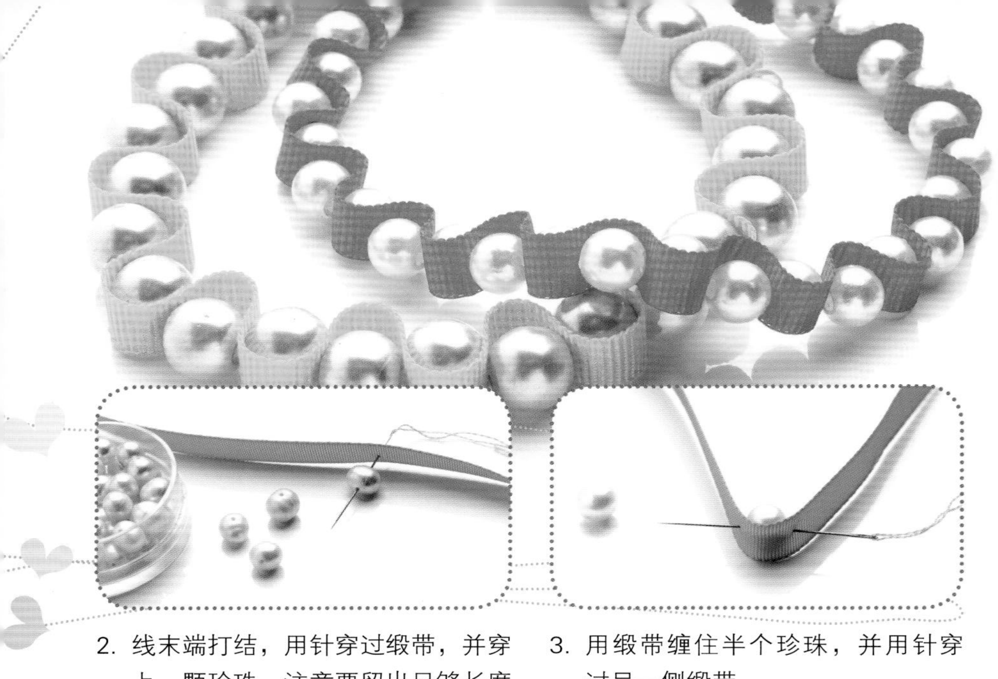

2. 线末端打结，用针穿过缎带，并穿上一颗珍珠，注意要留出足够长度的缎带以便系扣。

3. 用缎带缠住半个珍珠，并用针穿过另一侧缎带。

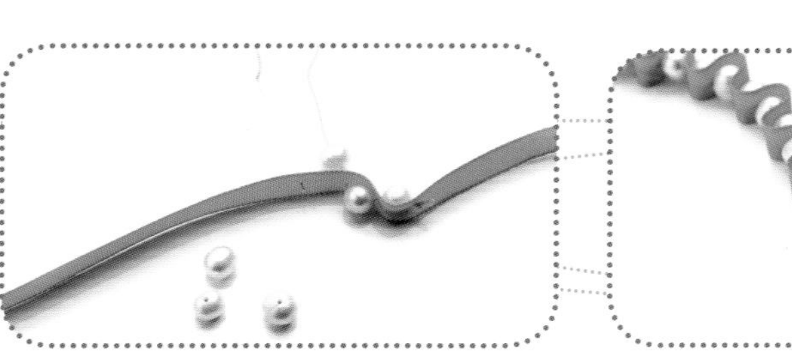

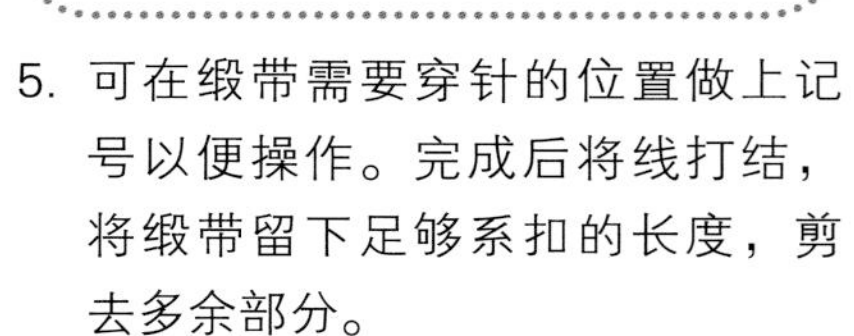

4. 另一侧再穿上一颗珍珠，用缎带缠好，针线穿过。就这样交替在缎带的两侧穿好所有珍珠。

5. 可在缎带需要穿针的位置做上记号以便操作。完成后将线打结，将缎带留下足够系扣的长度，剪去多余部分。

丝线项链

难易程度：中等

完成时间：1小时

准备：

- 丝线，颜色随意
- 项链长度的粗绳
- 记事板夹
- 一段链子
- 带夹片的扣（可选）
- 各式大孔金属（或者其他材质的）配饰

用家里剩余的丝线可以DIY项链或者手链，不一定需要一整束。如果你想做粗一些的项链，可以在中间缠上皮绳或普通绳子。你也可以在项链上穿上一些金属配饰，但要注意，这些配饰的孔必须足够大。

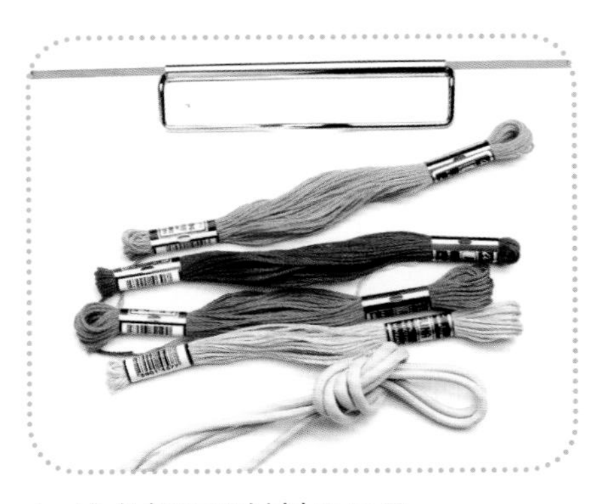

1. 准备好所需材料及工具。

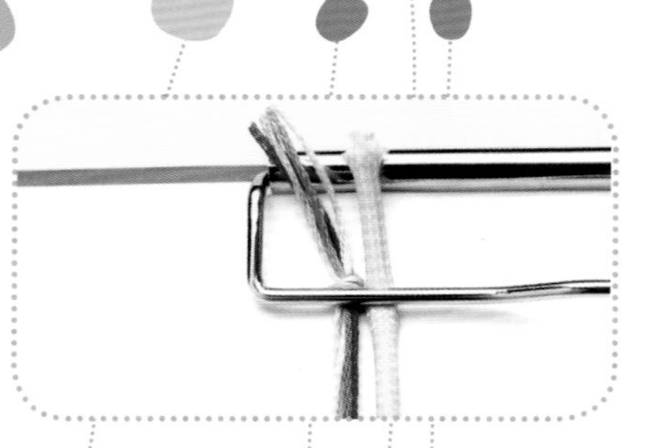

2. 主绳和所有的丝线（可以打个结）夹在夹子里。

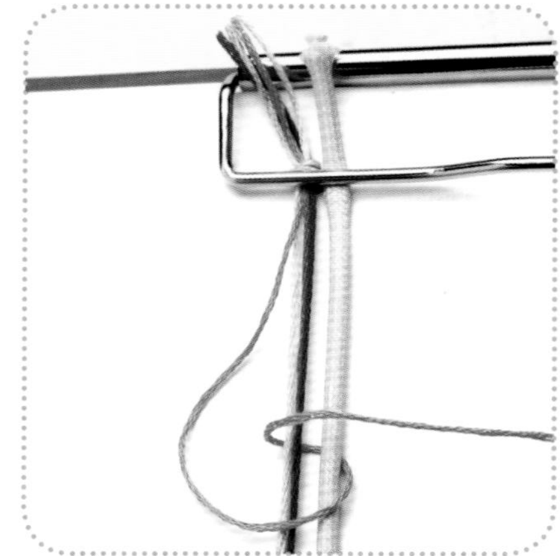

3. 用丝线在粗绳上打结：从左往右用一根丝线缠绕主绳，如图将此根丝线从中间掏出。

4. 掏出后用力拉紧丝线。

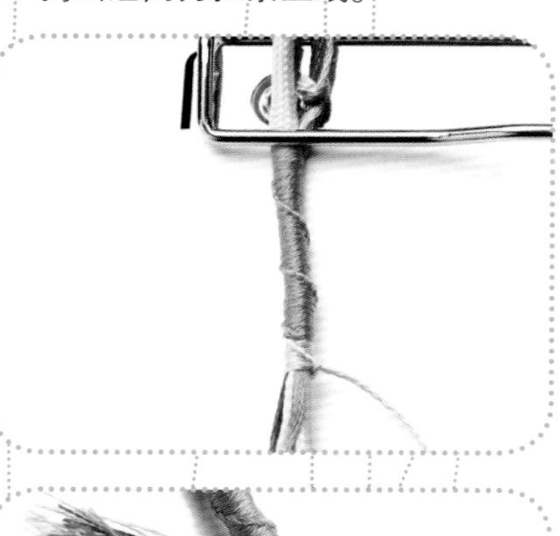

5. 用这种方法编织一小段，接着换另一种颜色的丝线编织一小段，采用同样手法把前一种丝线和主绳编在中间。

6. 当编织足够的长度后，用丝线把主绳两端扎起来，留下一根丝线，其余剪断。

7. 为了不让主绳末端外露，用剩下的那根丝线以螺旋形把主绳两端缠紧，末端打结，抹上胶水，剪去多余的线。

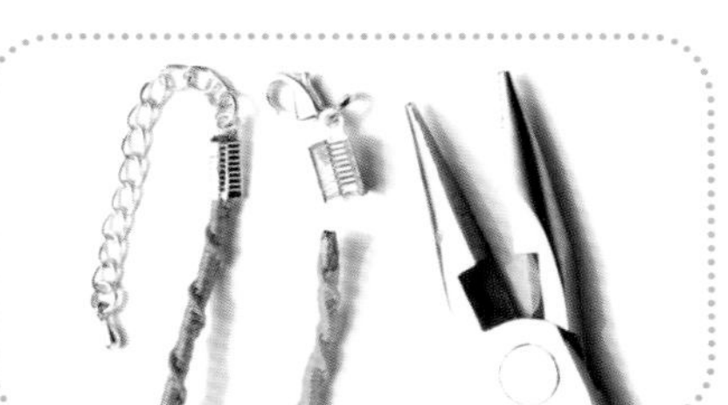

8. 你也可以在主绳末端装上带夹片的扣（可以成套购买）。

9. 也可以使用珐琅扣和速干胶。

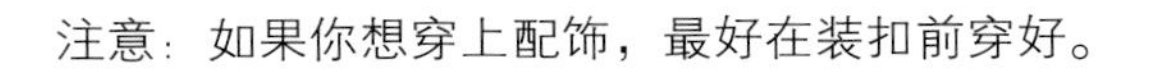

注意：如果你想穿上配饰，最好在装扣前穿好。

别针手链

别针手链是一个石破天惊的想法，很少人能一眼看出是什么东西做的。

难易程度：简单

完成时间：1.5小时

准备：

- 足够多同样大小的别针（这里用了80个小别针，如果你使用的是大别针的话，所需数量会少些）
- 各色小串珠
- 透明橡皮绳

1. 准备好所需材料及工具。

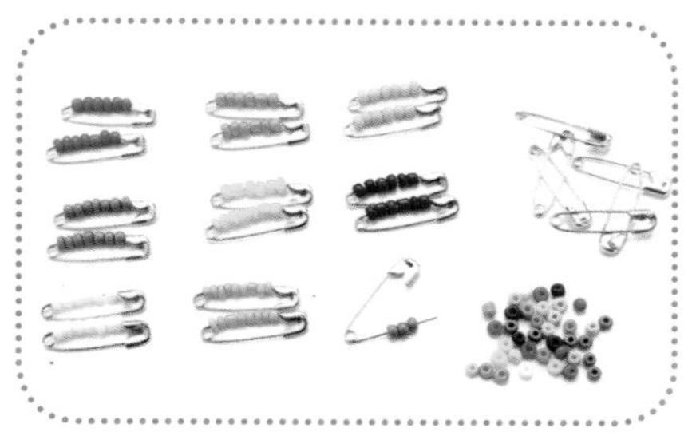

2. 按颜色分好串珠，把一半的别针穿好串珠。

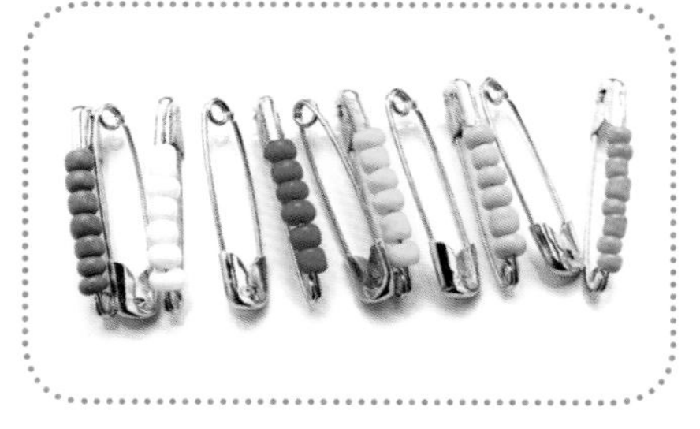

3. 把别针交替摆好：一个带串珠的，另一个不带串珠的倒置过来。

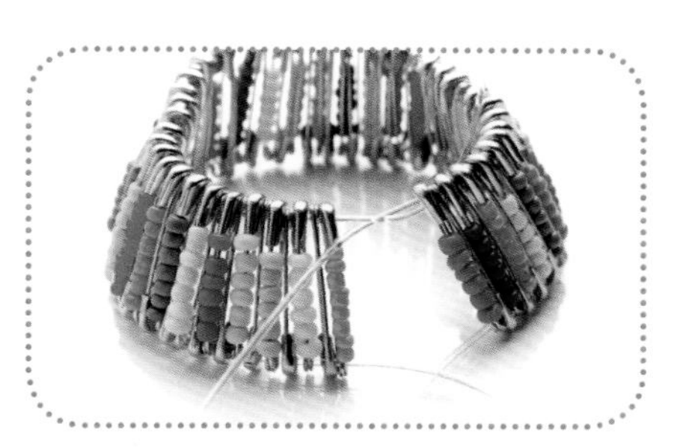

4. 别针上下小孔各穿一根透明橡皮绳，各自扎好就做好了。

编织项链

链子近来很流行，它可以做成项链、手链甚至发带，而且不同的链子还可以DIY一些混搭饰品。

1. 粗项链看着不是很好看？把绸带从锁链眼穿过并缠绕一下。

这样经过修饰的项链看起来漂亮极了。

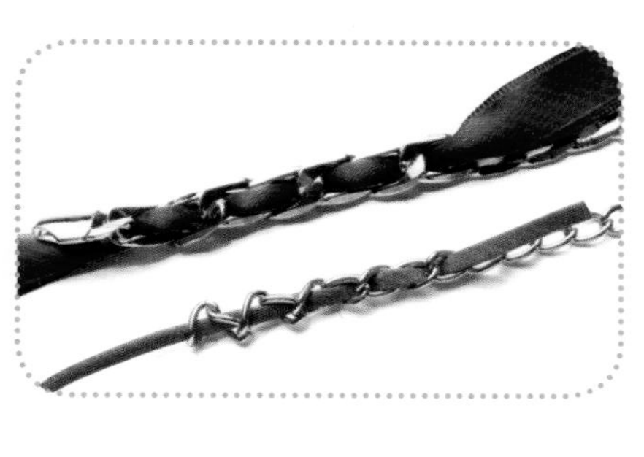

2. 你也可以把皮绳或窄缎带和项链穿在一起。

缎带手链做好了！当你戴腻了，可以直接把缎带取下来或者穿上别的。

如果是皮绳手链，那么同时佩戴几根会更漂亮。

指甲油项链

彩色指甲油可以涂抹在项链或者其他金属配饰上。家里经常会有不用的指甲油，与其丢弃不如用来给首饰上上色。你当然也可以使用新的指甲油，只需要一点点就够了。

你穿过缎带的那些项链、手链，现在也可以涂涂指甲油。不要整个都涂上，只涂下半部分。首先用一种颜色涂个小圆点，干了以后再涂另一种颜色。整个过程只需要半个小时左右。最重要的是一定要让指甲油干透，不然会把衣服或者皮肤弄脏。

钥匙坠饰

旧钥匙？不要丢了，可以利用它们来DIY一些有趣的、原创的配饰。

钥匙也可以像项链那样，涂上各种颜色的指甲油，漂亮的坠饰就做好了。

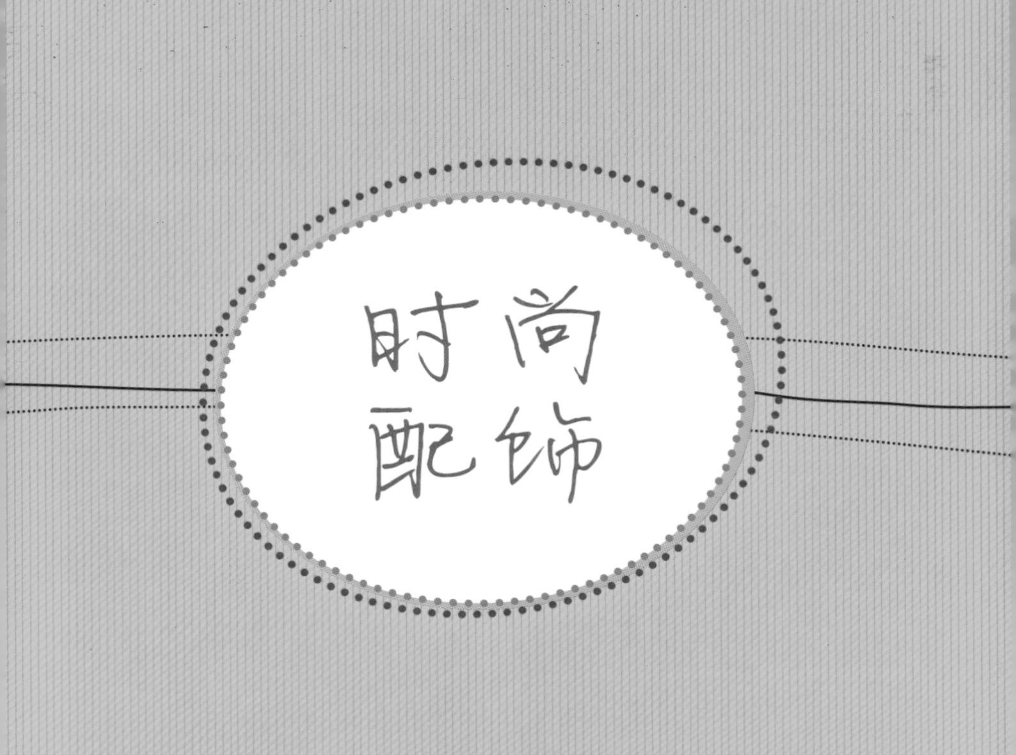
时尚
配饰

牛仔发箍

难易程度：中等

完成时间：1~1.5小时

制作牛仔发箍最好使用穿不上或破了的牛仔裤裤腿。使用热熔胶枪时注意不要烫伤了，当然，你也可以找人帮忙。

准备：

- 一块牛仔布，最好是从旧裤子上剪下来的
- 塑料发箍
- 热熔胶（包括热熔胶棒和热熔胶枪）
- 3颗串珠
- 剪刀
- 针线

1. 准备好所需物品及工具。

2. 做布花：剪6块直径3厘米的圆布片。其中一块做底子，其他用来做花瓣。

3. 先把圆布片对折，再三等分折起来，把尖角部分用针线缝到底子正中。

4. 缝上其他几个。

5. 最后在中间缝上串珠，这样串珠能把中间有线头的部分遮住。在背面打结后，把多余的线剪掉。做三个这样的布花。

6. 剪下一段布带，长宽都略多于发箍。

7. 把热熔胶枪加热（按照使用说明，把热熔胶棒放入热熔胶枪，加热后使用，或请别人帮忙），在发箍上以Z字形抹上胶水，迅速粘好牛仔布。不要一下把整个发箍抹上胶水，因为你可能来不及粘。

8. 胶水凉透后用剪刀剪掉多余布料。

9. 处理发箍边缘，剪掉突出的线头。

10. 再次加热热熔胶枪，把布花粘好。最好在要粘布花的位置先做个记号。

毛毡牡丹

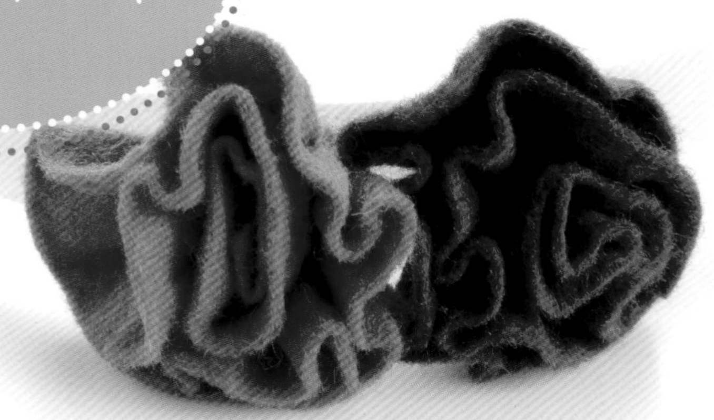

难易程度：中等

完成时间：30分钟

准备：
- 薄毛毡（零碎小块也可以）
- 与针及毛毡同色的线
- 剪刀

毛毡做的花特别漂亮，更重要的是制作简单。你可以用来装饰发箍、帽子、毛衣或者外套。

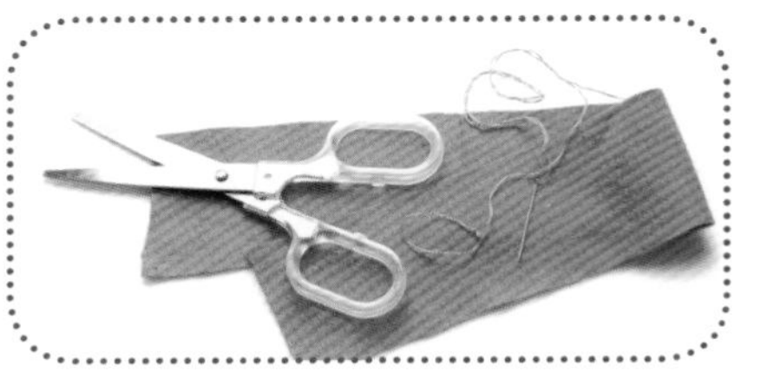

1. 准备好所需材料及工具。

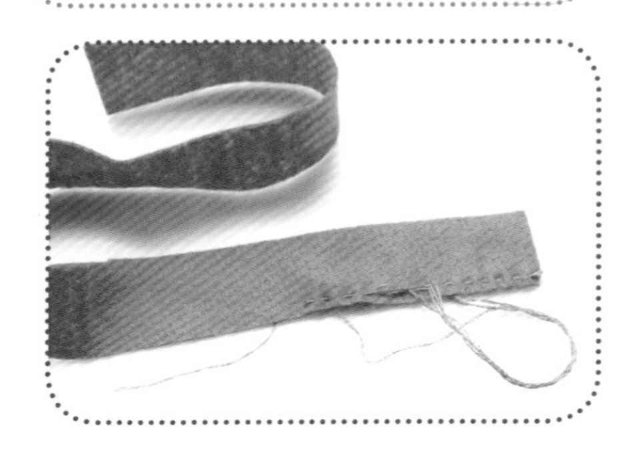

2. 剪下一条长12厘米、宽2厘米的毛毡。准备好针线，线末端打结。用平针在毛毡条底部缝线，注意针脚间距要均匀，约3毫米。

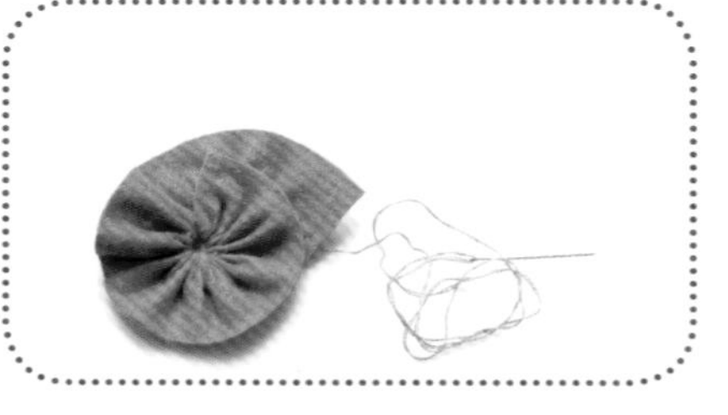

3. 缝完以后，轻轻地拉紧缝线，让毛毡稍微折皱。

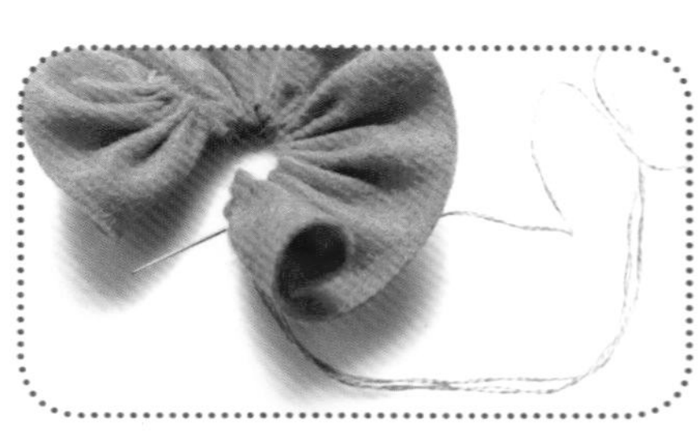

4. 把毛毡带卷起来，隔一段用针线缝一下（也可以使用胶水替代针线）。

5. 把毛毡带卷完，用手指整理好花型。

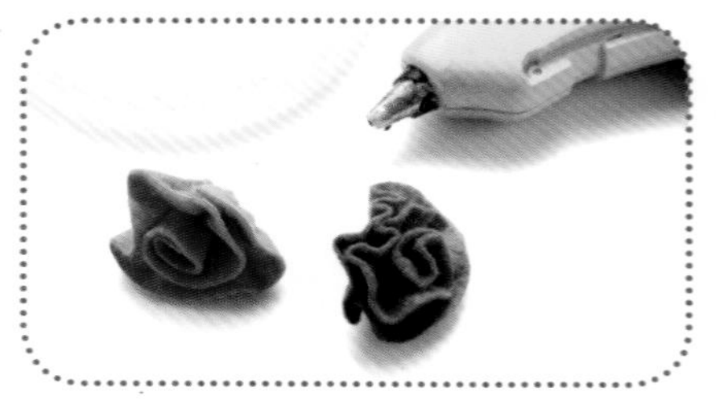

6. 把牡丹花粘到发箍上时最好使用热熔胶。把热熔胶枪加热，在发箍上抹一点胶水，把花粘上。注意不要烫伤了！你也可以请别人帮忙。

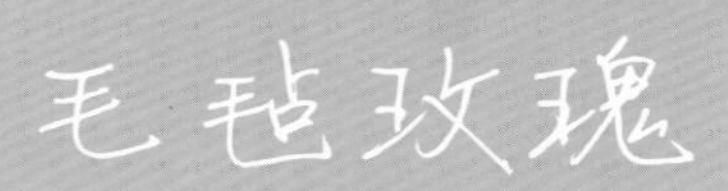

难易程度：中等

完成时间：30分钟

准备：

- 薄毛毡（零碎小块也可以）
- 胶水（可以是纸张、木材或者织物用胶水）
- 剪刀
- 大头针

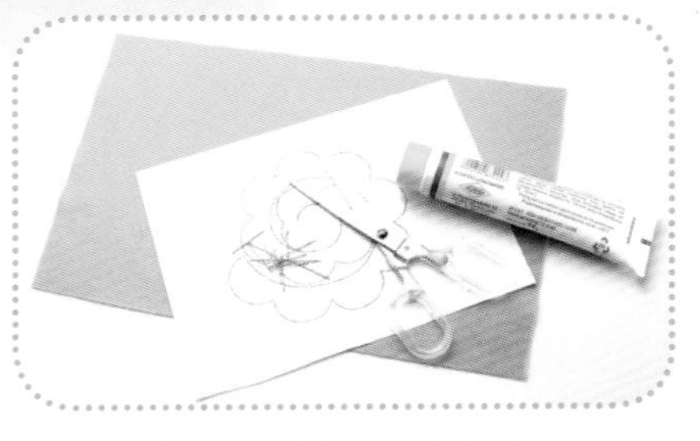

1. 准备好所需材料。图样见第120页。

2. 在纸上描好图样，先不要裁剪，用大头针把纸和毛毡别在一起。

3. 用锋利的剪刀把图样剪下来。纸和毛毡要同时剪。

4. 剪完后把纸去掉。

5. 从中间往外把剪下的毛毡卷起来，每隔几厘米抹点胶水。

6. 做好了！一张A4纸大小的毛毡（最常见的大小）可以做2~4朵玫瑰。

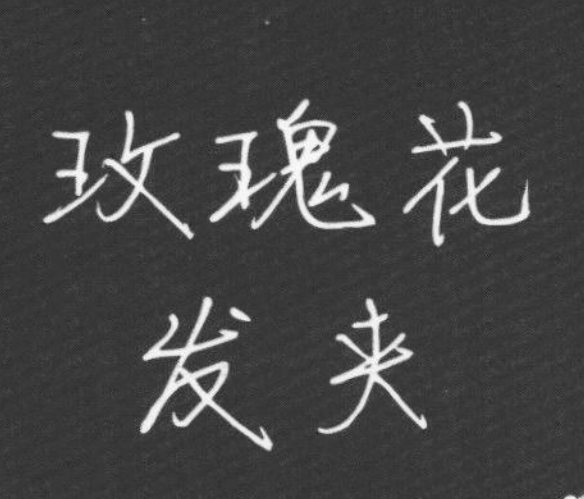

玫瑰花发夹

难易程度：中等

完成时间：30分钟

准备：

- 一条长约1米、宽约1厘米的缎带
- 发夹
- 剪刀
- 与针及缎带同色的线
- 热熔胶及织物胶水

1. 剪下一段约12厘米长的缎带。根据毛毡玫瑰的做法做好花朵。

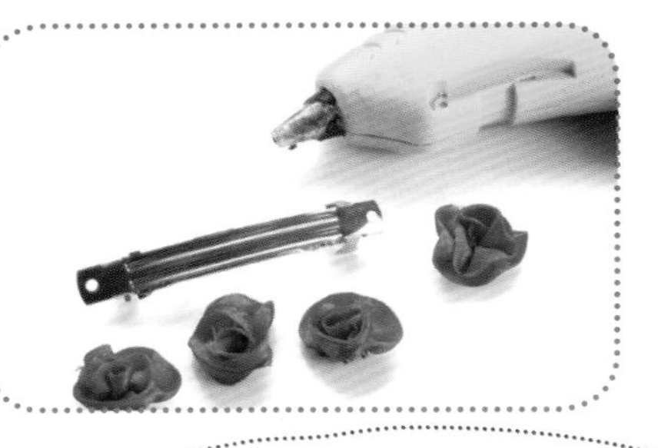

2. 做好几朵花。使用热熔胶枪把花粘到发卡上。使用热熔胶枪的时候，请按照使用说明操作，也可以请别人帮忙。

耳罩

难易程度：中等

完成时间：1小时

准备：

- 一块尺寸为10厘米×40厘米的人造毛皮
- 塑料发箍
- 8颗饰钉（装饰用）
- 薄毛毡（发箍不是非得用毛毡包裹，但是这样看着效果会更好）
- 剪刀
- 织物胶水
- 与针及毛皮同色的线
- 钳子（安装饰钉用）

人造毛皮（可以在缝纫用品店买到或者从旧外套拆下来）和普通塑料发箍就能DIY成时髦的耳罩。如果你愿意，还可以再加点装饰，比如饰钉。

1. 准备好所需材料及工具。

2. 如果你想加上饰钉，把毛毡置于发箍上，在需要安装饰钉的地方做好记号。用饰钉的尖角扎透毛毡。

3. 用钳子把饰钉尖角弯向中间，固定住。

4. 使用织物胶水把毛毡粘到发箍上。

5. 从毛皮上剪下4块一样大小的圆片，圆片大小应该能足够遮住耳朵。你可以先在厚纸板上画个图样。

6. 把发箍放到皮毛圆片上，检查一下粘在什么位置刚好可以遮住耳朵。把一块圆片粘到发箍一侧。

7. 在发箍另一侧粘上另一块圆片，注意要对齐。如果你担心毛皮会脱胶，可以把他们缝上。另外两片毛皮圆片依样粘在发箍另一端。

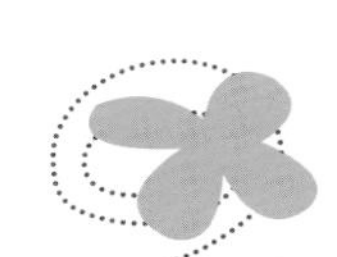

手机套

毛毡很适合做手机套，不会划伤手机屏幕，也容易添加装饰。

难易程度：中等

完成时间：2小时

准备：

- 一块厚毛毡
- 其他颜色的薄毛毡
- 剪刀
- 针、颜色同猫头鹰相配的丝线
- 纸张用胶水

1. 准备好所需材料及工具。图样见第121页。

2. 在纸上描好图样。剪下图样并将其置于一张大小合适的薄毛毡上。依次剪下猫头鹰各部分。

3. 粘好猫头鹰。量好手机尺寸，剪下两块厚毛毡，长宽约比手机多1厘米。

4. 用剪刀把厚毛毡的四角剪成椭圆形。

5. 穿好针，线末段打结。从两块厚毛毡的右上角开始缝，第一针从里往外缝，这样可以把线头藏在里面。

6. 用锁边针把三面（依次是缝长边、短边和长边）缝起来，然后把针穿到两块毛毡中间，打结，剪掉多余的线。

7. 把猫头鹰粘到手机套上。你也可以再粘一个缎带蝴蝶结。

平底人字拖鞋

又丑又旧的人字拖经过简单处理就能变成潮鞋，只需要一块布料或者围巾！如果手头没有合适的，去二手服装店看看，你肯定能找到很多，而且还不贵。

难易程度：中等

完成时间：1小时

准备：
- 平底人字拖鞋
- 薄织物或者围巾
- 小块布料，用于花朵制作
- 两粒扣子或者串珠
- 针线
- 剪刀
- 织物用胶水或者热熔胶

1. 准备好所需材料及工具。

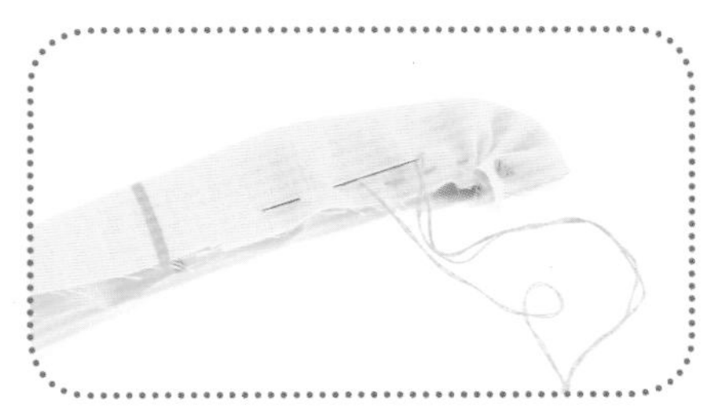

2. 用小块布料做朵花，方法参考毛毡玫瑰。你可以在花中间缝上或粘上一粒扣子或者串珠。

3. 从围巾上剪下一段长约70厘米、宽约4~5厘米的长条布，对折成约2厘米宽，把末段塞入鞋带孔。

4. 缠好鞋带。

5. 长条布另一端塞入另一个孔。保险起见往每个鞋带孔里挤点织物用胶水，这样长条布就不会脱落。

6. 用织物用胶水粘好布花，做好了！

凉 鞋

难易程度：简单

完成时间：15分钟

准备：

- 人字拖
- 至少150厘米长的围巾或布料
- 剪刀

1. 准备好所需材料及工具。

我们来学习另一种潮鞋的做法。人字拖可以摇身一变成为系带凉鞋，而且不损坏人字拖。当你厌倦、穿够了凉鞋时，凉鞋还可以简单地变回拖鞋！这对外出旅行度假的人们来说非常简单实用，当不能带很多东西时，一双鞋可以当两双穿。

2. 从布料上剪下宽约10~12厘米的长条布料。

3. 其中一长条对折，左半部分缠在左边鞋带上，右半部分缠在另一边，多余布料留下。穿鞋时，多余布料缠在脚踝上、系好。凉鞋做好了！

手绘帆布鞋

难易程度：中等

完成时间：1.5小时

单调的白帆布鞋需要装饰一下！你不需要有特殊的技能，只要一点点动力和好创意。这双制作简单、漂亮的帆布鞋只是一个例子，你可以随心所欲地画上你想要的图案。为了更容易涂画，最好在鞋里塞上鞋楦或者报纸。

准备：

- 白色帆布鞋
- 马克笔（可在文具店或者网上购买）
- 彩色鞋带
- 铅笔、尺子

1. 准备好所需材料及工具。

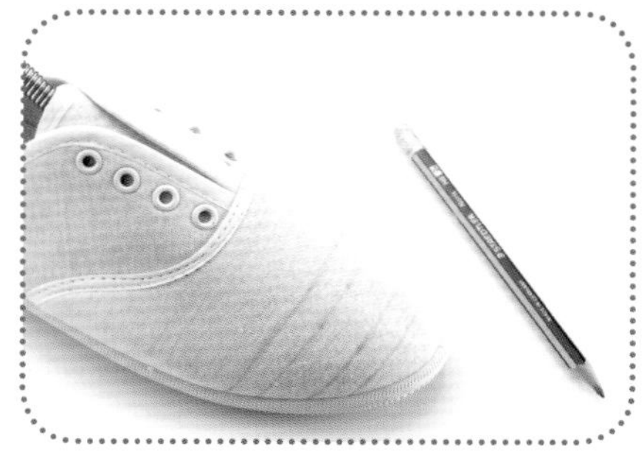

2. 用铅笔在鞋上画上条纹，为了让条纹宽度和距离一致，先用尺子量好。

3. 用马克笔把条纹涂上颜色。配上彩色鞋带。

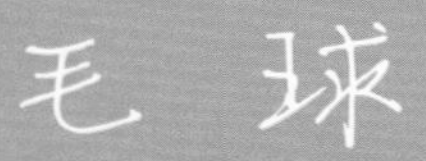

毛球

毛球不仅可以用来装饰帽子、皮筋，还可以用作钥匙串的吊坠。彩色毛球让DIY配饰有了无限的可能性，你可以做一堆小毛球或者一个大毛球。

难易程度：中等

完成时间：15分钟

准备：

- 毛线，颜色随意
- 圆规
- 剪刀
- 纸板

1. 准备好所需材料及工具

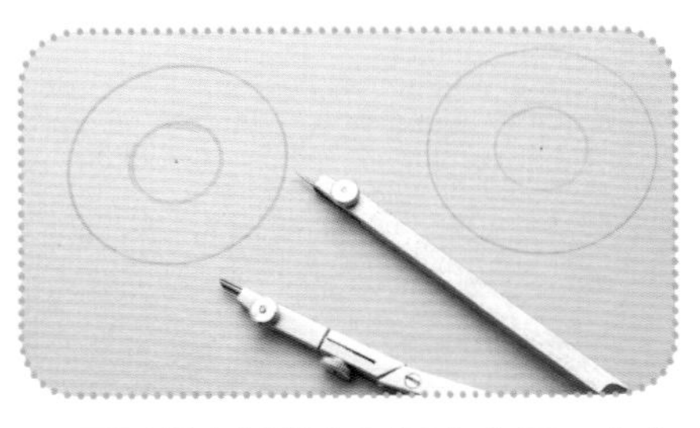

2. 用圆规在纸板上画两个大圆，在大圆中间画一个小同心圆。把圆剪下来。

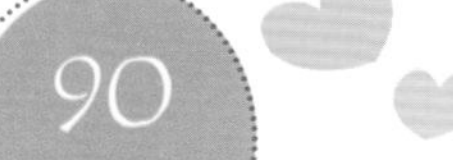

3. 把两个环形纸板叠在一起，缠上毛线。

4. 继续缠毛线，直至中间没有空间，缠的毛线越多，毛球就会越蓬松。

5. 毛线缠完以后，小心地沿外侧边缘剪断毛线。

6. 用毛线在两块环形纸板中间系紧，去除纸板。

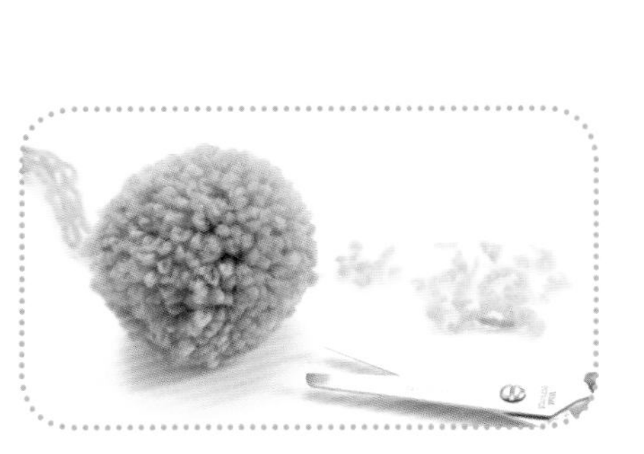

7. 用剪刀稍微修饰、整平毛球。

8. 如果要做双色毛球，一半环形纸板缠一种颜色毛线，另一半缠其他颜色的就可以了。

软陶挂坠

软陶适合DIY各种原创小饰品，比如可爱的钥匙链吊坠。

难易程度：中等

完成时间：1.5小时

准备：

- 软陶泥，颜色随意
- 滚筒
- 模子
- 钥匙链

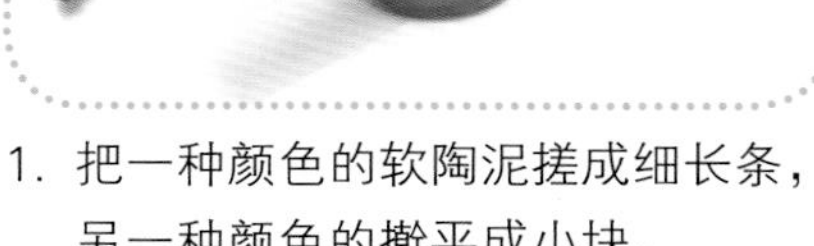

1. 把一种颜色的软陶泥搓成细长条，另一种颜色的擀平成小块。

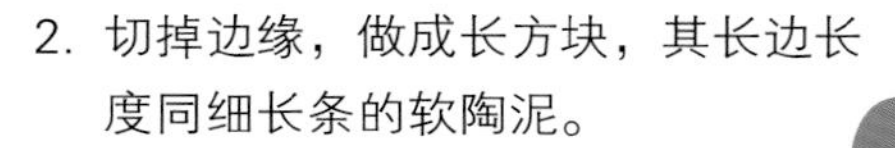

2. 切掉边缘，做成长方块，其长边长度同细长条的软陶泥。

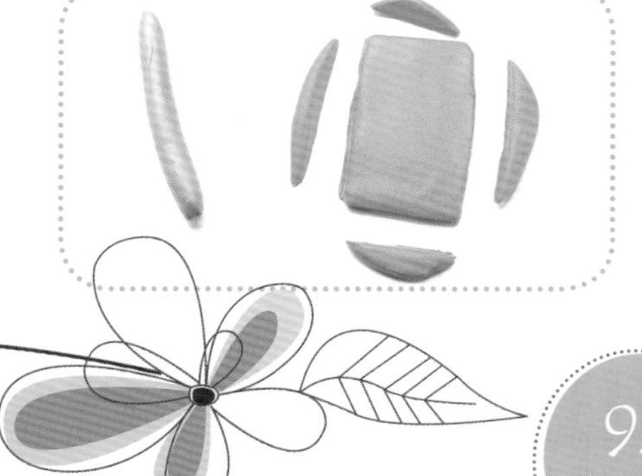

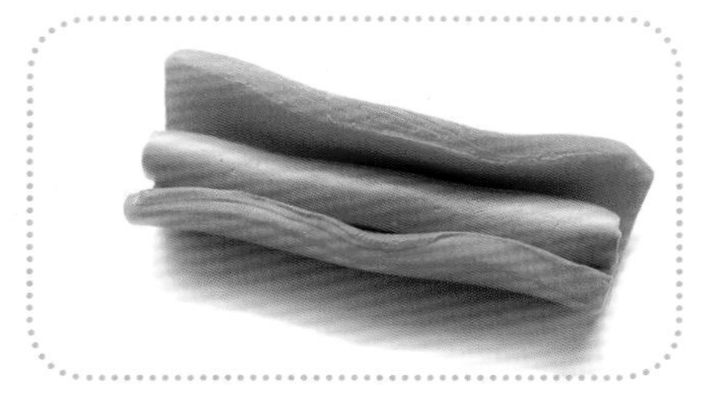

3. 把细长条软陶泥卷在长方块里。

4. 在光滑桌面上轻搓至表面平整。

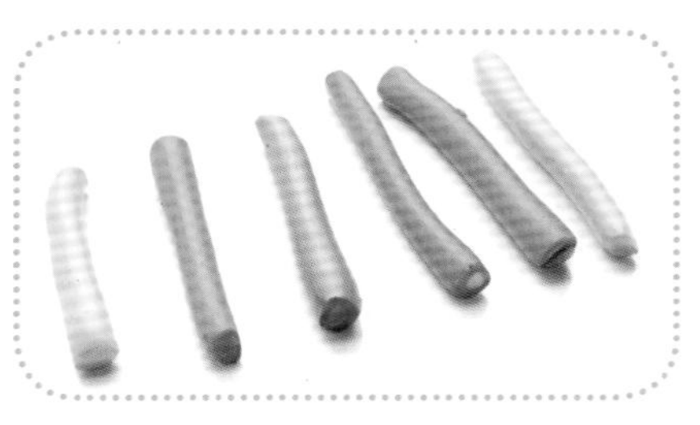

5. 按照以上步骤用其他颜色的软陶泥做几个同样类型的长条，其中一些可用同色软陶泥做。把其中一些剪成两半，共凑成9条。

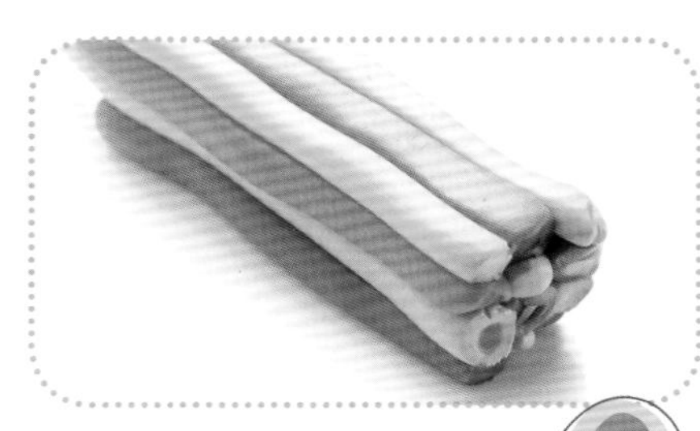

6. 把9条全部排在一起。

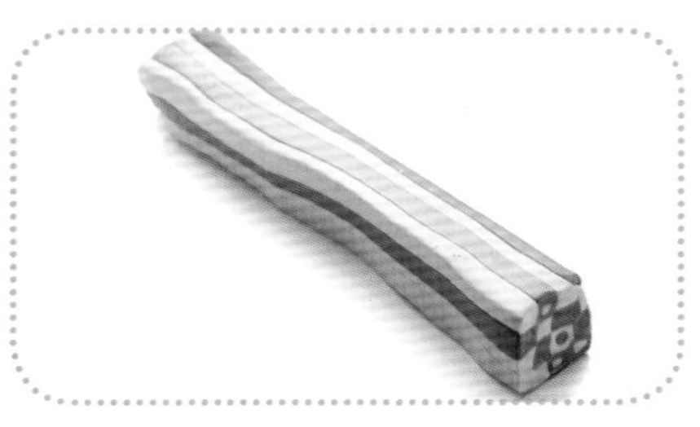

7. 轻轻按压长方体，让所有部分粘在一起，且长方体稍稍压长。切除不平整的边缘。

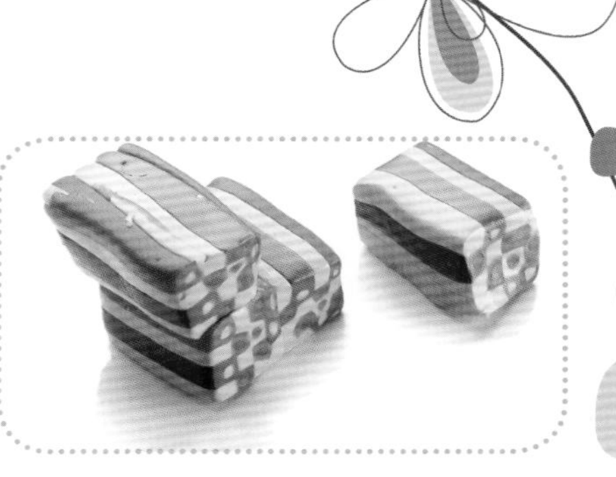

8. 把长方体均匀切成4块，再一次排在一起，按压并使各部分粘合。

9. 用小刀切下约1厘米厚的小块。

10. 用模子切下诸如花朵形、心形或星形的小块。用吸管打个洞。按照软陶泥包装上的说明把成品烘烤。你可以请其他人帮忙。

11. 成品硬化后就可装到钥匙链上了。

皮革表带

难易程度：简单

完成时间：15分钟

新的表带能让手表焕发第二春！人造皮革价廉物美，适合DIY。你可以DIY几条不同色彩的表带来搭配不同颜色的服饰。

准备：

- 手表表头（两头要有表带圈）
- 人造皮革带，宽约0.5~1厘米，长1米（可以在首饰饰品配件店或者网上购买）
- 金属扣（可在购买人造皮革的商店购买）
- 皮革用胶水或者速干胶（如果您使用第二种胶水，可请别人帮忙）

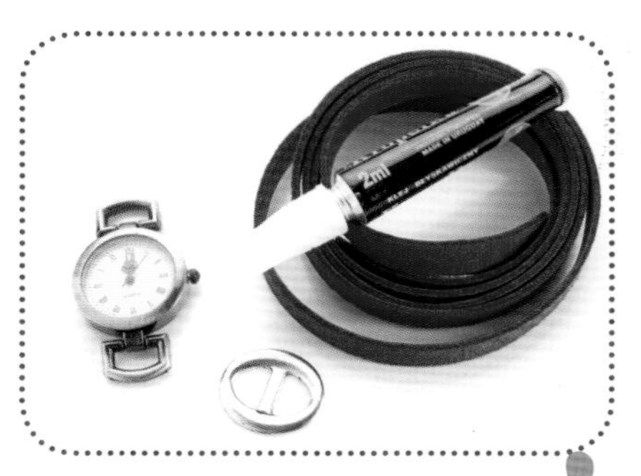

1. 准备好所需材料。

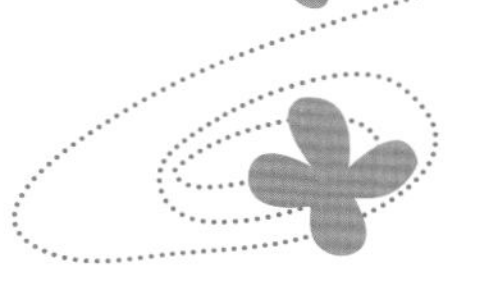

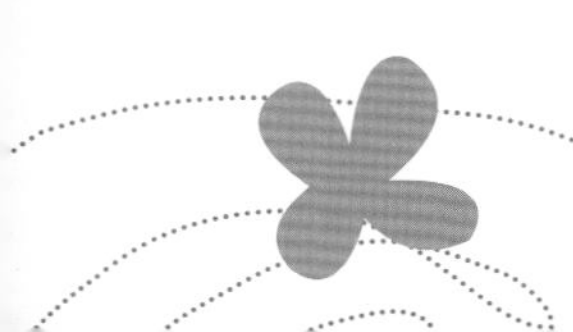

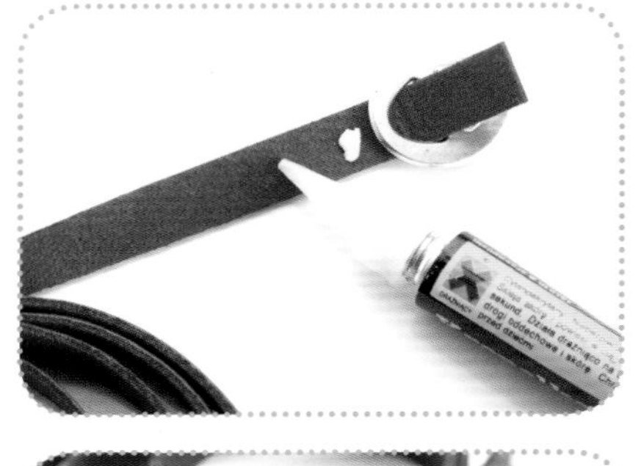

2. 皮带一端穿过金属扣，回折粘好。如果你使用的是速干胶，因为容易粘到手指，可请别人帮忙。

3. 将手表穿到皮带上。

4. 把皮带在手腕上绕几圈，另一端穿进金属扣。只要15分钟，你就拥有了一块时髦的手表。

编绳表带

难易程度：中等

编绳表带制作难度稍高，但是它风格类似香巴拉手链，非常时尚。

完成时间：40分钟

准备：

- 手表表头（两头要有表带圈）
- 长约4.5米的编绳
- 织物或装订用胶水
- 剪刀
- 几个大孔串珠

1. 准备好所需材料及工具。

2. 两段约1米长的绳子对折，按照上图系在手表上。

3. 这样就有4段绳子了。中间两根绳子作为主绳。

4. 右侧绳从主绳下穿过，打个圈，置于左侧绳的上部。左侧绳从主绳上方穿过右侧绳圈。

5. 同时拉紧两侧的绳子。

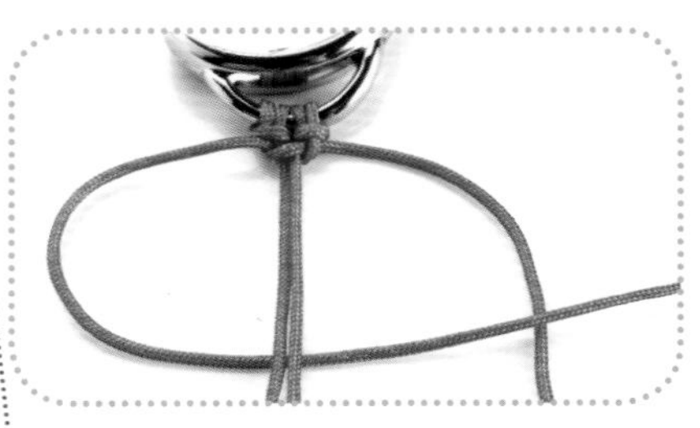

6. 左侧绳从主绳下穿过，打个圈，置于右侧绳上。

7. 右侧绳从主绳上方穿过左侧绳圈。

8. 同时拉紧侧绳。

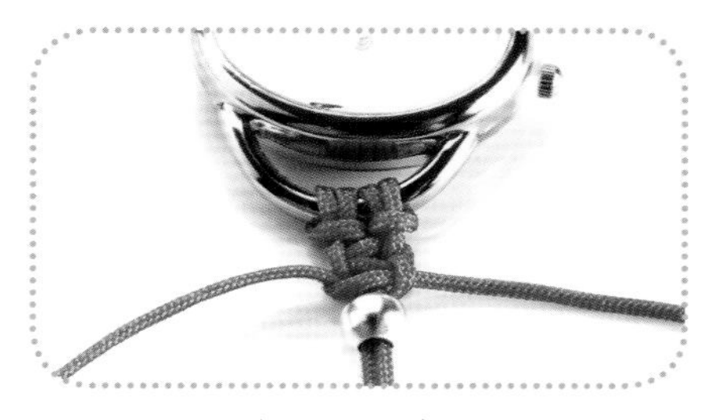

9. 两根主绳穿上一颗串珠。

10. 在串珠下方重复第3~7步，编织约7厘米长的表带（稍短于表带实际长度的一半）。

11. 末端位置抹上胶水。

12. 胶水干透后剪掉两侧绳子，注意不要剪断主绳。在手表另一侧同样编织一根表带。

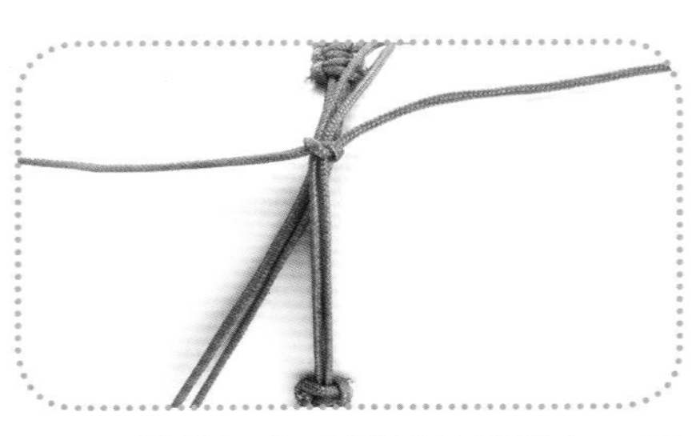

13. 表带编织完成以后开始做扣。用一段约15厘米长的编绳把手表两侧主绳系在一起。

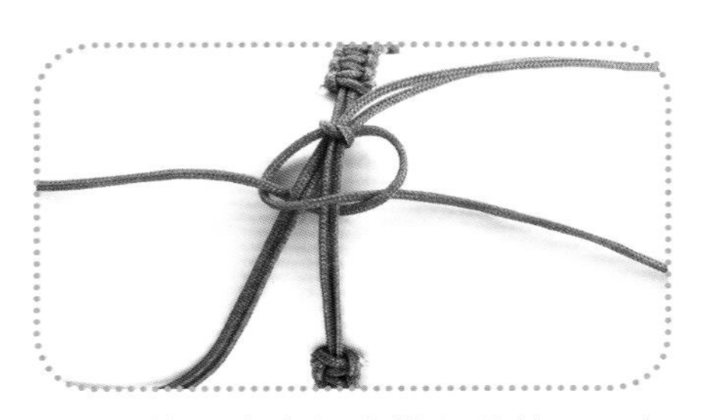

14. 再编几个类似表带上的结，不穿串珠。如果表带过短，可以多编几个结。

15. 末端用胶水固定，在尽量靠近扣的位置剪去多余的侧绳。主绳末端打结，或者穿上串珠，防止主绳从扣里脱落。

编绳裤带

难易程度：困难

完成时间：几个小时

准备：

- 皮带扣（可从旧皮带上拆下）
- 一卷绳子，最好是中等粗细的亚麻绳
- 织物用胶水
- 剪刀

编绳裤带的编织不是非常难，但是需要一点耐心，因为裤带比手表带要长、要宽，工作量比较大。

1. 准备好所需材料。

2. 把绳子剪成6段，每段约7米长（每段绳子最好稍微长点，因为到最后万一短了无法加长）。把第一段绳子对折，按左图系在皮带扣上。

3. 其他绳同样系好。这样皮带扣上应该有12段绳子，用这些绳子来编皮带。

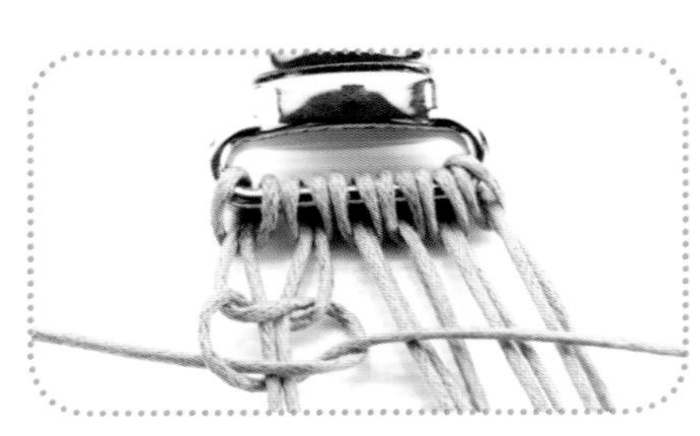

4. 把12根绳子按4根一组分成3部分，第一部分按照编绳表带第3~7步编织。

5. 依次编好其他三组。皮带第一排就编好了。

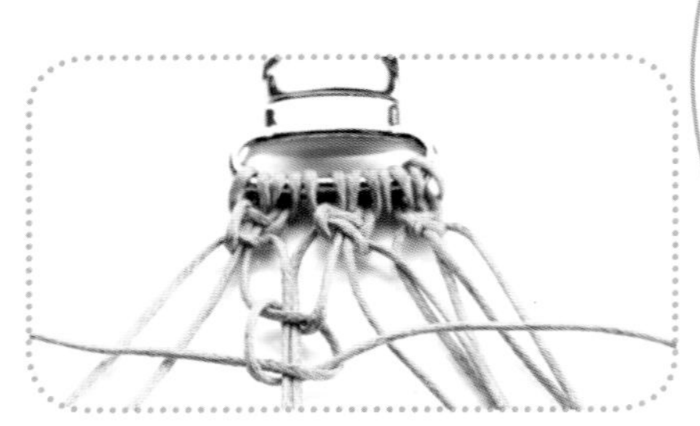

6. 按照同样的编织方法编织左起第3、4、5和6根绳子。

7. 同样编织左起第7、8、9和10根绳子。

8. 重复以上第4~7步，直到皮带长度合适。

9. 为了避免绳子乱成一团而打结，可以把绳子绕成团或把，并用橡皮筋扎起来。

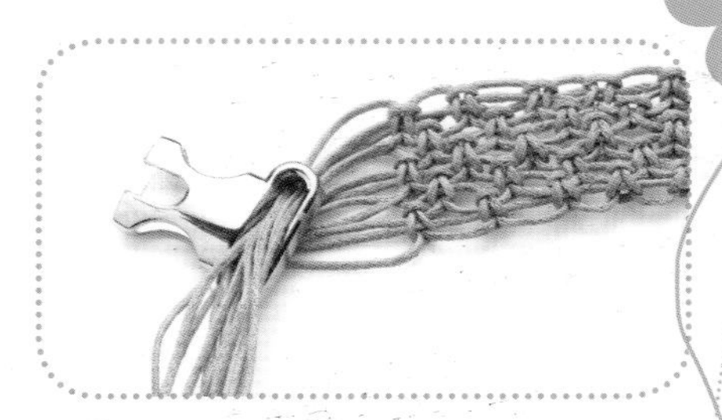

10. 当编织的长度合适了，把所有绳子穿过皮带扣的另一端。

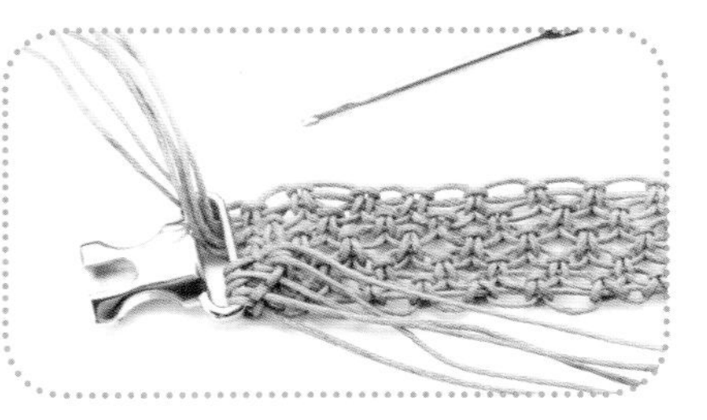

11. 把绳子依次穿过编织孔、拉紧，以确保皮带扣不会掉落（可以使用钩针）。

12. 再编2~3排。

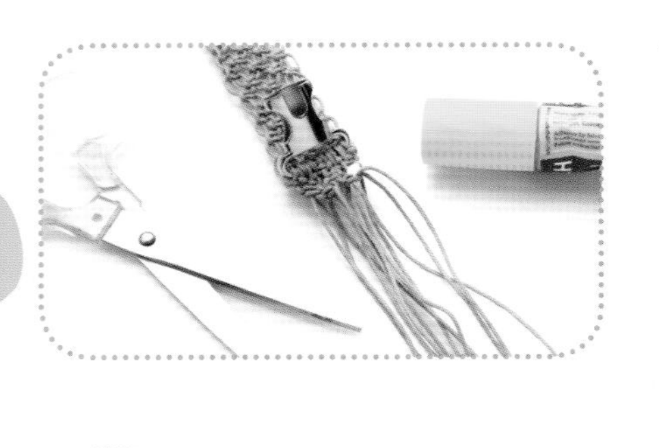

13. 末端抹上织物用胶水，待胶水干后剪去多余绳子。

饰钉腰带

难易程度：中等

完成时间：1小时

准备：

- 腰带扣（可以使用旧的腰带扣或购买新的）
- 约1米长的松紧带（宽度根据腰带扣大小）
- 10~12颗饰钉，颜色同腰带扣（商店里一般有银色和金色的出售）
- 剪刀
- 大头针（可选）

饰钉非常新潮，多年来一直经久不衰。试着用饰钉做装饰DIY一根腰带，要知道，饰钉腰带和裤子、裙子及棉衬衣搭配起来都很棒。

1. 准备好所需材料。

2. 选取比腰围长约5厘米的松紧带。一端穿上皮带扣。

3. 在适当的位置钉上饰钉，要同时穿过两层松紧带。

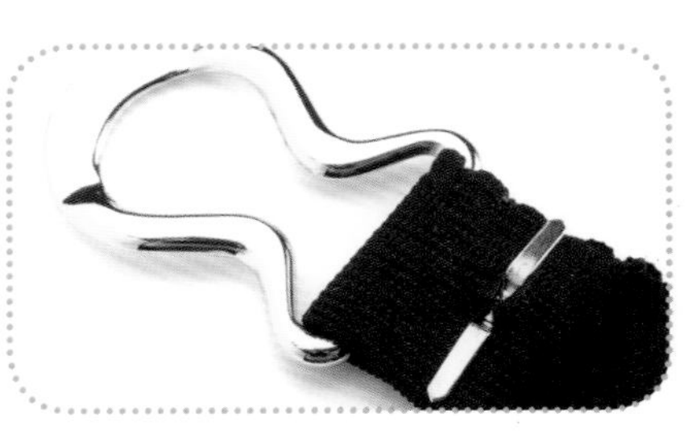

4. 把饰钉的针脚压向外侧。这样腰带一端的扣就装好了。同样把另一端装好。

5. 把其他饰钉等距离钉好。可使用大头针来标记位置。

耳 机

难易程度：中等

完成时间：1小时

准备：
- 任意颜色的丝线（约50厘米长）
- 耳机

所有人都有手机耳机，所有的耳机都一样。但是你的可以与众不同，只需要一些彩色丝线。

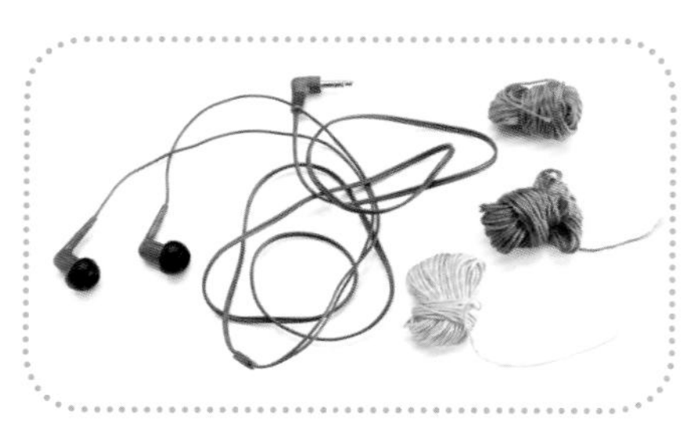

1. 准备好所需材料。

2. 把丝线系在耳机线上（一开始不用把所有丝线都系上）。

3. 丝线在耳机线上打结。用丝线在耳机线上缠绕一圈（如图，向右缠绕），从右侧圈里穿过，拉紧。这样缠绕一段后换另一种颜色的线再缠一段。

4. 耳机线都缠完后，末段抹上胶水或者额外打个结。剪掉多余的线就可以了。

鸭子手袋

难易程度：中等

完成时间：1小时

环保手袋很受青睐，但是由于外观类似，看着不是很吸引人。现在只要涂抹一下，你就可以制作自己的环保手袋。为了简化制作过程，你可以借用点心模子做一个有趣的图章。

准备：

- 环保手袋（无印刷图案）
- 点心模子
- 大土豆
- 织物用丙烯颜料或普通颜料
- 小刀
- 美纹纸胶带
- 小块布料

1. 准备好所需材料及工具

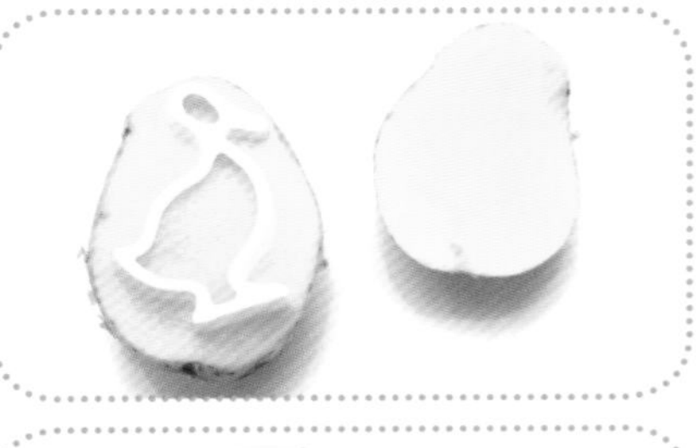

4. 取下模子，鸭子图章就做好了。用纸巾擦去渗出的汁液。

6. 在图章上刷上适量颜料（不要太多，可用海绵或者毛笔）。

2. 把土豆切成两半。把模子深深按入土豆。

3. 不要取出模子，沿着模子边沿削去周围的土豆。

5. 在手袋上贴上胶带，这样可以水平地印上图案。

7. 首先在小块布料上试印一个，这样图章颜色能均匀些。

8. 待颜料干透以后，为了使颜料能够持久，垫一块干净的布用熨斗熨一下。

心形手袋

你也可以用别的方法来DIY手袋，比如一端带橡皮的普通铅笔。只要你自己相信最终效果是独特的。

难易程度：中等

完成时间：1小时

准备：

- 环保手袋（无印刷图案）
- 纸板图样
- 织物用丙烯颜料或普通颜料
- 一端带橡皮的铅笔
- 美纹纸胶带

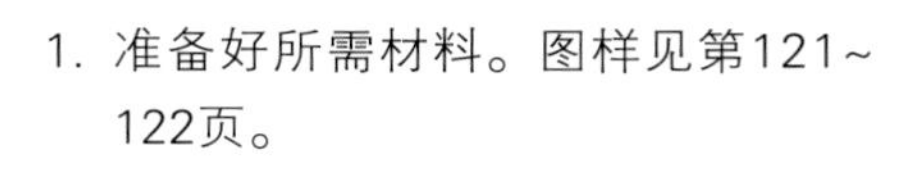

1. 准备好所需材料。图样见第121~122页。

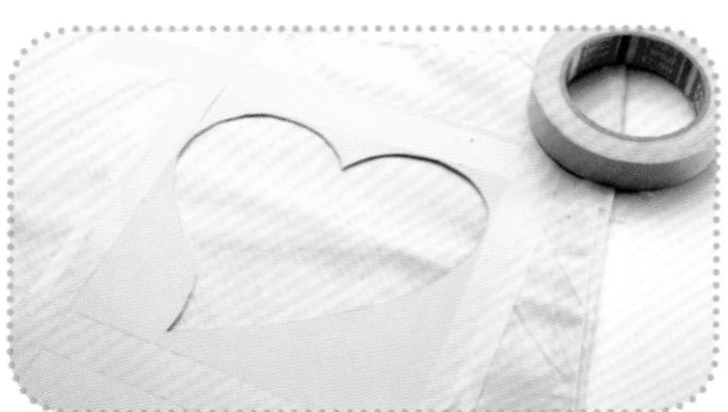

2. 把图样置于手袋上，为了不让图样移位，可将其用胶带粘好。

3. 碟子里倒少量颜料，铅笔的橡皮蘸颜料后印到图样内部。一部分颜色淡一点、一部分颜色深一些，这就是图案的独特之处。

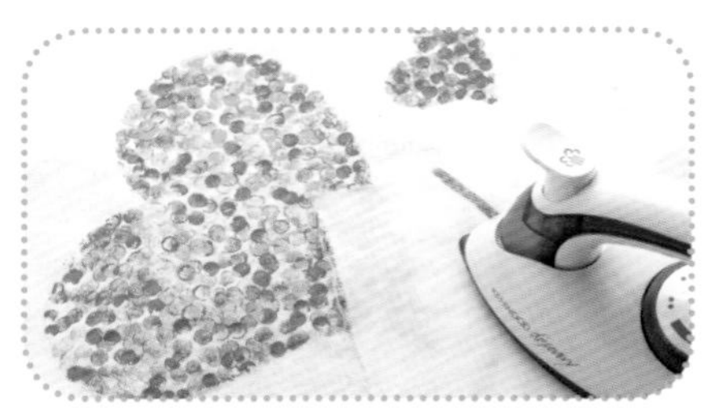

4. 当颜料干透后，取下图样，隔着布熨一下让颜料更持久一些。

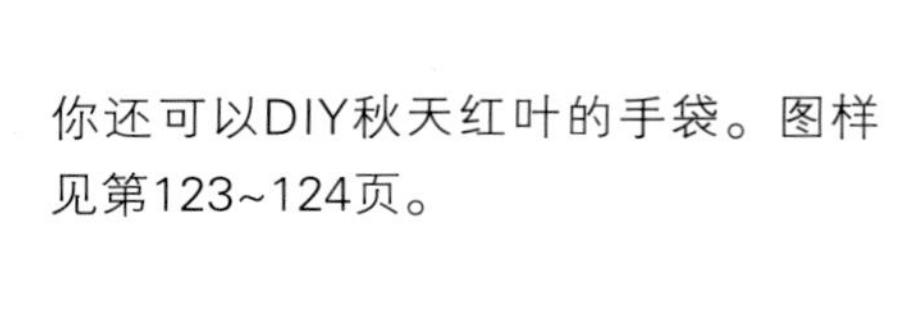

你还可以DIY秋天红叶的手袋。图样见第123~124页。

染色T恤

衣服染色是一门比较难的艺术，但是经过以下学习你肯定能掌握。开始时你可以先练习几次，然后再染成品。注意要把你的衣服和操作台保护好，以免染上颜料。

难易程度：困难

完成时间：1小时

准备：

- T恤，最好是白的（至少洗过一次）
- 织物颜料（购买可溶于冷水的颜料）
- 橡胶手套
- 塑料膜

准备工作：

- 在DIY的操作台上铺好塑料膜。也要小心自己的衣服，最好穿上不要的旧衣服。
- 戴上橡胶手套，在盆里溶化部分颜料。把盆放置在铺了塑料膜的操作台上。

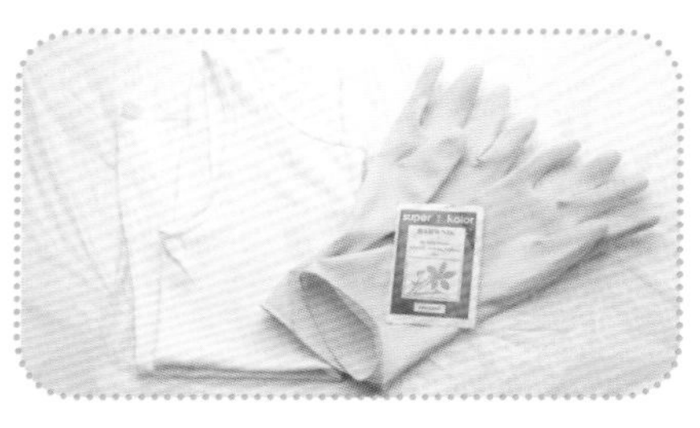

1. 准备好所需材料。

2. 小心地把T恤下部12~15厘米的部分浸入盆里，保持几秒钟。

3. 提起T恤，注意颜料不要滴到地板上。

4. 一只手挤掉多余的颜料（可以找人帮忙拎住T恤）。

5. 小心地把T恤摊开平铺在塑料膜上。稍等片刻，让颜料稍干（但不能全干，必须有一点点湿）。

6. 剩余的颜料倒在手掌或小碗里。把干颜料撒在T恤上，放置待干。干透后用热熨斗熨一下。T恤背面可以再稍微湿润一下，也撒上颜料。

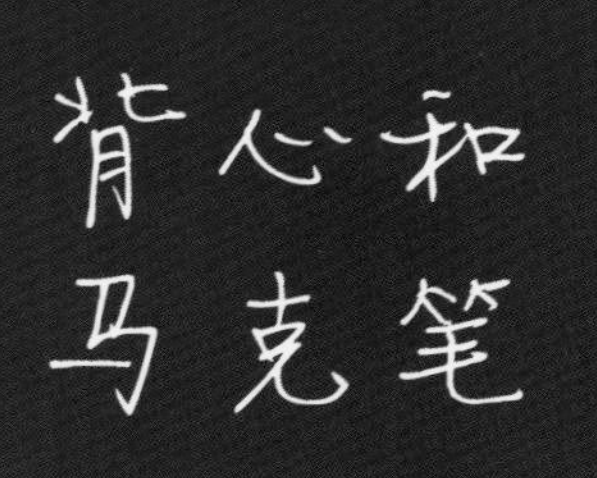

难易程度：简单

完成时间：30分钟

准备：

- 棉背心（至少洗过一次）
- 永久性马克笔
- 水杨酸酒精
- 滴管（一般酒精瓶自带）

如果你认为有图案的背心只在商店买得到，那你就错了！你自己就能DIY，而且只需用到普通的永久性马克笔。当你心爱的衣服上有污渍时，你就可以运用这种技巧完美地把它遮住，最重要的是，你因此拯救了一件衣服。一开始可在废弃布料上试着做几次，因为马克笔很难清洗。

1. 准备好所需材料。

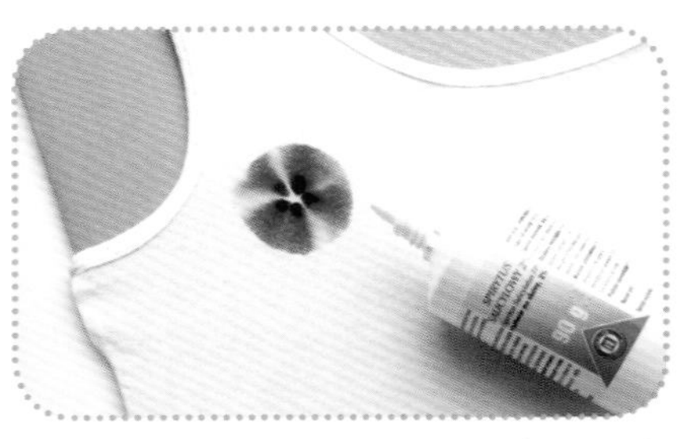

2. 把背心套在纸板上，以防图案浸到背心背面。

3. 画几个绕圈排列的圆点。

4. 在中心滴一滴水杨酸酒精，图案变成圆形，酒精滴得越多，圆形越大。

5. 画一些不同颜色的图案。

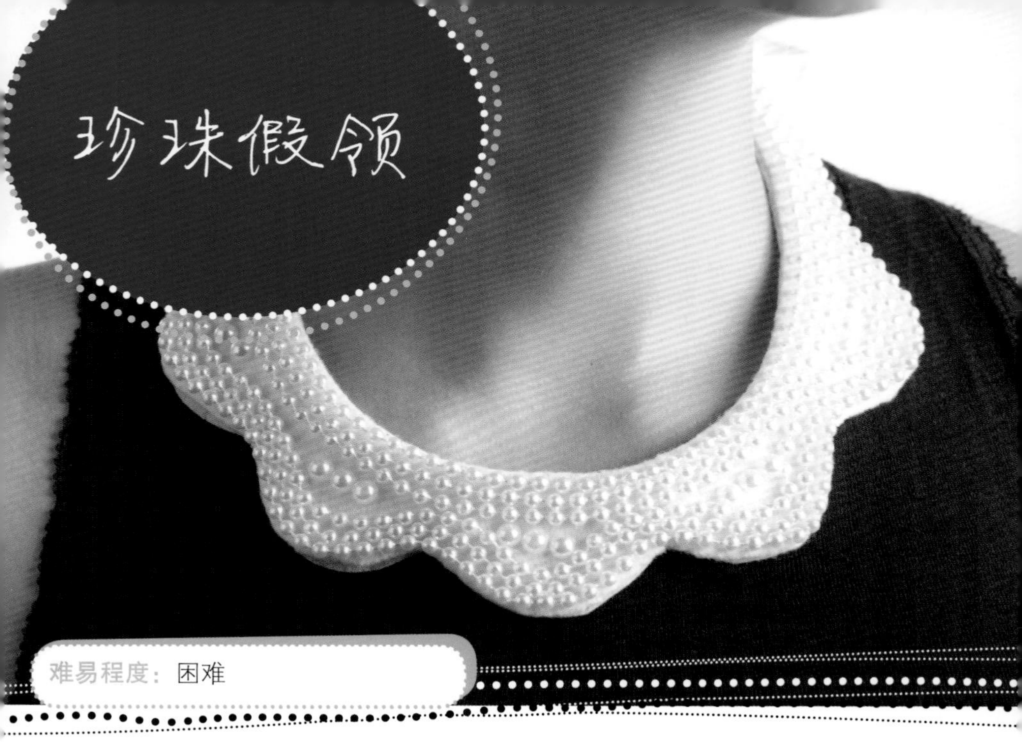

珍珠假领

难易程度：困难

完成时间：2小时

时髦、优美且独特的珍珠假领肯定会吸引你女伴的眼神。稍微费时，但值得拥有！

准备：

- 一块白色毛毡
- 20厘米长的粘合衬布（可在缝纫用品店买到，一面具有粘性）
- 50厘米长的白缎带
- 2.5米的珍珠项链（可在缝纫用品店买到）
- 大珍珠
- 织物用胶水
- 剪刀
- 剪好的图样

1. 准备好所需材料。图样见第125页。

2. 把图样置于衬布上，用大头针固定，剪下。

3. 把衬布置于毛毡上，为了让衬布粘好用熨斗熨一下。

4. 剪下领子，多留半厘米的余量。

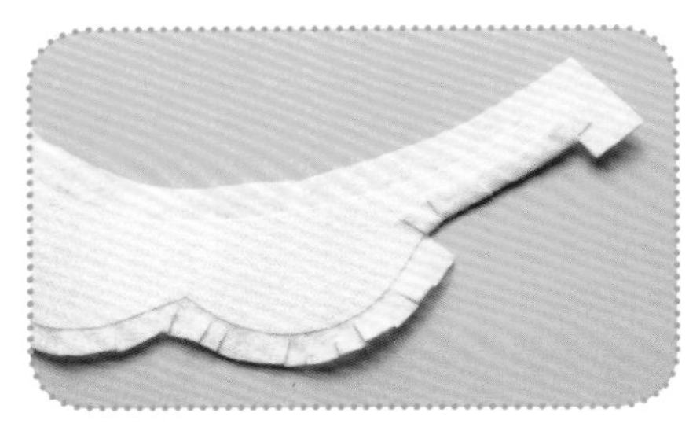

5. 把多余部分如图剪开。

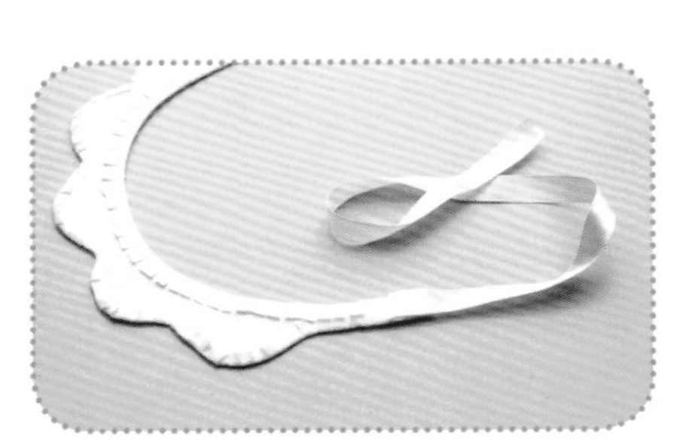

6. 把剪开的部分折向中间粘好。领子末端粘上缎带用来系扣。

7. 再剪一个同样的毛毡衣领，把之前衣领不美观的一侧遮住、粘好。

8. 衣领抹上胶水，一圈一圈地粘好珍珠项链。

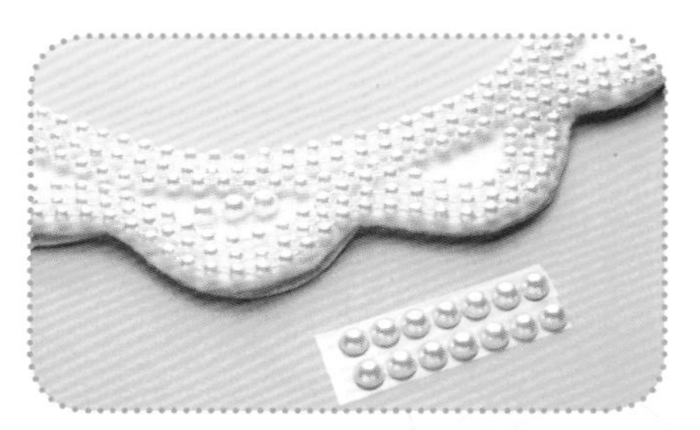

9. 在中间位置粘几颗稍大的珍珠。

毛毡玫瑰图样

见第77~78页

手机套图样

见第82~83页

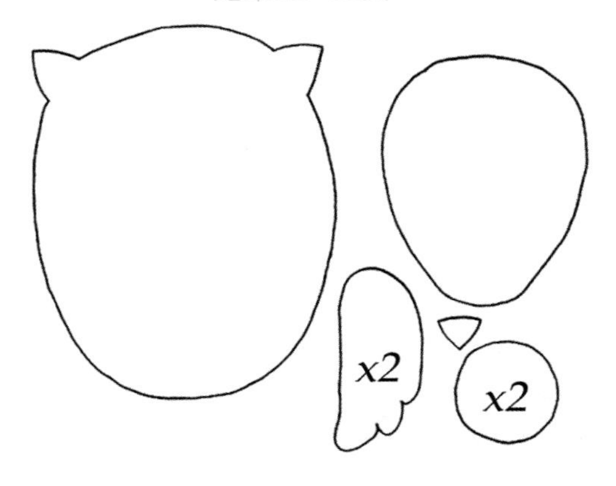

心形手袋图样

见第110~111页

树叶手袋图样

见第111页

珍珠假领图样

见第117~119页

宽20厘米

首饰

时尚配饰

你想了解更多关于时尚配饰的创意吗？请访问：
https://www.facebook.com/pages/Mes-passions/613764388654738

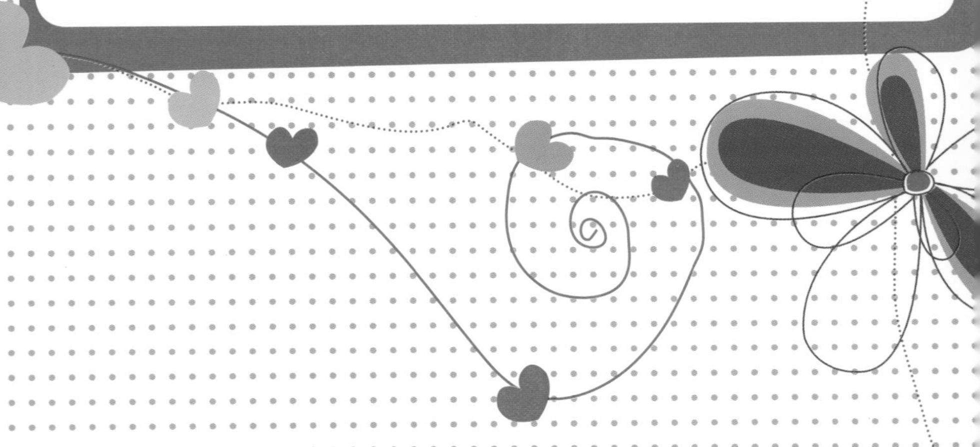